高含硫气藏开发理论与实验丛书

高含硫气藏储层–井筒一体化模拟

郭 肖 著

科学出版社
北 京

内 容 简 介

本书内容涵盖高含硫气藏流体物性特征研究、高含硫气井井筒温度-压力耦合计算、高含硫气藏气-固硫与气-水-液硫渗流数学模型及求解方法、高含硫气藏储层-井筒一体化模拟实例分析。

本书可供从事油气田开发研究人员、油藏工程师以及油气田开发管理人员参考，同时也可作为大专院校相关专业师生的参考书。

图书在版编目(CIP)数据

高含硫气藏储层-井筒一体化模拟 / 郭肖著.—北京:科学出版社, 2021.3
（高含硫气藏开发理论与实验丛书）
ISBN 978-7-03-067770-9

Ⅰ.①高…　Ⅱ.①郭…　Ⅲ.①高含硫原油-储集层-井筒-数值模拟-研究　Ⅳ.①TE37

中国版本图书馆 CIP 数据核字（2020）第 264395 号

责任编辑：罗　莉　陈　杰 / 责任校对：彭　映
责任印制：罗　科 / 封面设计：墨创文化

科学出版社 出版
北京东黄城根北街16号
邮政编码：100717
http://www.sciencep.com

四川煤田地质制图印刷厂 印刷
科学出版社发行　各地新华书店经销

＊

2021 年 3 月第　一　版　　开本：787×1092　1/16
2021 年 3 月第一次印刷　　印张：7
字数：156 000
定价：99.00 元
（如有印装质量问题，我社负责调换）

序　言

　　四川盆地是我国现代天然气工业的摇篮，川东北地区高含硫气藏资源量丰富。我国相继在四川盆地发现并投产威远、卧龙河、中坝、磨溪、黄龙场、高峰场、龙岗、普光、安岳、元坝、罗家寨等含硫气田。含硫气藏开发普遍具有流体相变规律复杂、液态硫吸附储层伤害严重、硫沉积和边底水侵入的双重作用加速气井产量下降、水平井产能动态预测复杂、储层-井筒一体化模拟计算困难等一系列气藏工程问题。

　　油气藏地质及开发工程国家重点实验室高含硫气藏开发研究团队针对高含硫气藏开发的基础问题、科学问题和技术难题，长期从事高含硫气藏渗流物理实验与基础理论研究，采用物理模拟和数学模型相结合、宏观与微观相结合、理论与实践相结合的研究方法，采用"边设计-边研制-边研发-边研究-边实践"的研究思路，形成了基于实验研究、理论分析、软件研发与现场应用为一体的高含硫气藏开发研究体系，引领了我国高含硫气藏物理化学渗流理论与技术的发展，研究成果已为四川盆地川东北地区高含硫气藏安全高效开发发挥了重要支撑作用。

　　为了总结高含硫气藏开发渗流理论与实验技术，为大专院校相关专业师生、油气田开发研究人员、油藏工程师以及油气田开发管理人员提供参考，本研究团队历时多年编撰了"高含硫气藏开发理论与实验"丛书，该系列共有 6 个专题分册，分别为：《高含硫气藏硫沉积和水-岩反应机理研究》《高含硫气藏相对渗透率》《高含硫气藏液硫吸附对储层伤害的影响研究》《高含硫气井井筒硫沉积评价》《高含硫有水气藏水侵动态与水平井产能评价》以及《高含硫气藏储层-井筒一体化模拟》。丛书综合反映了油气藏地质及开发工程国家重点实验室在高含硫气藏开发渗流和实验方面的研究成果。

　　"高含硫气藏开发理论与实验"丛书的出版将为我国高含硫气藏开发工程的发展提供必要的理论基础和有力的技术支撑。

罗平亚

2020.03

i

前　　言

　　高含硫气藏开采过程中，地层、井筒及地面管线受压力、温度变化的影响，导致其中的流体发生相变，易发生硫沉积。当气体中元素硫含量达到饱和时，元素硫将以单体形式从载硫气体中析出，若结晶体微粒直径大于孔喉直径或气体携带结晶体的能力低于元素硫结晶体的析出量，则会发生元素硫物理沉积现象。另外，单质硫与硫化氢能发生可逆化学反应生成多硫化氢（$H_2S+S_x \rightleftharpoons H_2S_{x+1}$），当压力和温度降低时，反应向生成硫化氢和硫的方向移动，发生元素硫化学沉积。

　　析出的硫在多孔介质中可能是液态或固态。如果地层温度大于硫熔点，元素硫就会以液态的形式析出，在地层中形成气-液态硫两相渗流。固态硫析出沉积会改变多孔介质的孔隙结构，引起孔隙度和渗透率的降低。

　　为了更好地预测高含硫气藏生产动态，将高含硫气藏整个生产系统划分为储层渗流和井筒流动两个子过程，通过井底压力、产量及硫溶解度等作为交界面条件实现高含硫气藏近井地带井筒一体化生产动态模拟。本书内容涵盖高含硫气藏流体物性特征研究、高含硫气井井筒温度-压力耦合计算、高含硫气藏气-固硫与气-水-液硫渗流数学模型及求解方法以及高含硫气藏储层-井筒一体化模拟实例分析，对准确预测高含硫气藏生产动态具有重要意义。

　　本书的出版得到国家自然科学基金面上项目"考虑液硫吸附作用的高含硫气藏地层条件气-液硫相对渗透率实验与计算模型研究"（51874249）、国家重点研发计划子课题（2019YFC0312304-4）和四川省科技计划重点研发项目（2018JZ0079）资助，油气藏地质及开发工程国家重点实验室对本书的内容编写提出了有益建议，在此表示感谢。

　　希望本书能为油气田开发研究人员、油藏工程师以及油气田开发管理人员提供参考，同时也可作为大专院校相关专业师生的参考书。限于编者的水平，本书难免存在不足和疏漏之处，恳请同行专家和读者批评指正，以便今后不断对其进行完善。

编者

2021 年 1 月

目　　录

第1章 绪 论

1.1 研究目的与意义

随着油气资源需求量日益增加和气藏核心开发技术的逐渐提高,非常规油气藏(酸性气藏、页岩气藏等)受到广泛关注和重视。

产出天然气混合流体中有硫化氢(H_2S)及硫醚等有机物的气藏称为含硫气藏。依据中石油天然气行业标准 SY/T6168—2009 对含酸性气体气藏的划分,H_2S 含量为 $30.0\sim150.0g/m^3$、气体中 H_2S 含量为 $2.0\%\sim10.0\%$ 的酸性气藏称为高含硫气藏。随着开发进行,高含硫气藏储层温度压力逐渐降低,由于近井地带压降较大,元素硫在气体中溶解度不断下降,生产过程中某一时刻元素硫溶解度低于临界溶解度,元素硫将从气体中析出。如果析出的温度高于元素硫在此时储层压力、温度下的凝固点,则硫以液态形式析出;若低于元素硫在此条件下的凝固点,则析出硫以固态形式存在,储层中析出的硫会通过吸附或沉积堵塞天然气渗流通道,导致储层孔隙结构改变,从而导致渗透率降低,气井产能降低。井筒中酸性气体及其硫析出量大小不同时,对井筒温度压力分布影响亦不同。元素硫在井筒中的沉积堵塞影响因素除了压力、温度、H_2S 含量,还与储层井底压力、配产等因素相关。通过将储层渗流和井筒流动联系起来一体化进行计算,分析近井地带渗流导致井底压力温度等流体物性参数变化对井筒流动造成的影响,实现流体的生产动态预测,为高含硫气藏建立相应预防硫沉积的措施提供依据。

考虑到高含硫气藏近井地带和井筒系统流体流动一体化计算的复杂性,采用区域分解将整个系统划分为储层和井筒两个简单系统,分别建立并求解相对应的数学模型,并通过边界条件(井底流压、配产等)进行一体化计算,实现对高含硫气藏近井地带和井筒生产的动态预测。

1.2 国内外研究现状与进展

1.2.1 酸性气体物性参数研究现状

由于酸性气体等非烃类组分的存在,高含硫气藏流体常规物性参数计算值较实测值偏差较大,因此需对非烃类组分进行校正以得到比较精确的数据。学者结合生产实践针对此类问题提出了一系列校正方法。

Wichert 和 Aziz(1972)通过引入与混合流体温度压力相关的参数对临界温度压力进行校正,并利用校正后的关系式计算得到更准确的偏差因子。

里群等(1994)通过计算对比得出采用 SRK 方程来计算酸性气体泡点压力较准确,P-T

方程对露点压力计算较准确。

Elsharkawy(2000)对偏差因子计算中的密度参数进行了校正，得出了高含硫气体临界参数计算方法。2002年，Elsharkawy(2002)分别对比不同状态方程和经验方法计算了高含酸性气体物性参数计算准确性。

杨学峰等(2005)通过对比分析高含硫气体黏度计算的多种方法，得出利用LBC经验公式法与实际值更为接近。

郭肖等(2008)评价分析了多种酸性气体物性参数计算模型，得出DPR模型和DAK模型结合WA校正方法是两种最适合计算低压酸性气体的偏差系数的经验公式计算方法。

吴晗等(2011)对比分析得出Dempsey模型结合Standing校正得到的高含硫气体黏度更适用于普光气田生产实践。

曲立才(2015)对大庆徐深气田多口气井进行实验，发现该气藏含水量通过常用方法——水蒸气饱和蒸气压法测量与实际值相差较大。

贾英等(2015)对松南火山岩流气藏流体研究发现，储层压力和流体中酸性气体含量的变化趋势一致，随着开采储层温度降低，气藏气体偏差因子会逐渐减小。

李周(2015)研究地层水发现，储层压力随着开发的进行而下降，导致水中溶解的酸性气体析出，硫溶解度随酸性气体减少而降低是硫在远井端沉积较少的原因之一。

郭肖和王彭(2017)配置与普光气田中，酸性气体相同组分的气样，分别进行无水气样及有水气样的PVT实验，实验表明低压情况下气体黏度与酸性气体含水有较大关系，温度变化对酸性气体含水量、黏度及偏差因子的影响不大。压力升高，含水样品的酸性气体黏度降幅明显大于未含水酸性气体样品。

1.2.2　储层硫沉积预测研究现状

Roberts(1996)通过用组分形式代替固体硫,结合黑油模型并将相对渗透率设为零进行了硫沉积模拟，完成了高含硫气藏硫沉积问题的数值模拟研究。

Abou-Kassem(2000)建立了考虑空气动力学及硫沉积吸附的一维模型，该模型忽略了硫析出沉积对储层孔隙的伤害。

张勇(2006)建立了孔隙介质液态硫运移模型，初次粗略分析得出硫在析出温度高于凝固点时以液态析出，且液态硫不会在孔隙中吸附而滞留。

Fadairo等(2012)考虑到储层孔隙度随硫析出而变化，从而改进了Roberts模型，使预测结果更加与实际相符。

付德奎等(2010)建立了能够对储层流体流动和硫的存在状态进行分析的高含硫裂缝性气藏储层模型，详细分析固体硫沉积对储层的伤害。

Hu等(2011)建立了考虑近井地带非达西流对流体储层渗流及元素硫溶解度影响的硫沉积模型，综合束缚水与硫颗粒成团机理的影响因素，研究表明硫沉积主要发生地方为储层近井地带，且近井地带非达西流会加剧元素硫的析出沉积。

Mahmoud和Gadallah(2013)考虑气体物性参数随气藏压力变化发生变化，并结合硫溶解度随压力变化导致硫析出对储层孔渗、相对渗透率、岩石润湿性的综合影响建立了新的模型,通过求解数学模型来动态预测近井地带元素硫存在对储层的伤害,并结合实际岩心实验来确定液硫吸附对储层物理性质产生的影响。

Mahmoud(2013)建立了新的考虑硫沉积对表皮系数影响的解析模型和数值模型,分析储层近井地带范围内元素硫沉积状态及元素硫沉积对相对渗透率的伤害,研究表明元素硫沉积在储层孔隙表面会对岩石润湿性有较大影响,并会影响气井的产量,该模型能够用来预测气体的临界析硫速度以确定合理产量进行高效生产。

张广东(2014)结合高含硫气-液-固三相相态理论、产能方程建立了高含硫气藏储层硫沉积预测模型,对含硫气井孔渗分布、含硫饱和度分布进行动态预测。

郭珍珍(2015)从力学角度研究了硫在储层中的析出运移,并得出硫沉积后若流体流速足够大,硫颗粒会被气体剥离、冲刷、携带而发生移动。

李周(2016)通过计算机模拟与实验研究将硫的沉降与吸附结合起来,建立了考虑硫吸附的地层渗流模型,研究表明压降越大、生产时间越长,地层沉积硫的量越大。

顾少华等(2017)针对四川盆地元坝长兴组气藏建立了能够模拟气-液硫两相流动的酸性气藏数值模拟模型,研究表明该气藏硫以液态形式析出,析出后对储层孔渗影响较小,但液硫对气井稳产期的影响还是比较明显。

彭松等(2018)基于气相色谱定量测定方法对普光高含酸性气体硫含量及此储层条件下的临界析出压力进行了测定,并判断此时普光地层还未析出硫。

郭肖等(2019)建立了考虑硫沉积的底水油藏见水时间模型,研究表明含硫饱和度越大,气井越早见水。

1.2.3 井筒硫沉积及温度压力研究现状

1.井筒温度压力研究

Ramey(1962)认为井筒为稳定传热,储层为非稳态传热,通过能量守恒方程得到了井筒温度与深度的理论模型。后续发展模型基本都是基于该模型进行改进研究。

Smith 和 Steffensen(1970)通过测井资料分析了温度对流动剖面造成的影响,得出井筒温度分布与井眼结构和储层热力学参数有关。

Steffensen 和 Smith(1973)提出了焦耳-汤姆孙效应,明确了井筒温度分布主要是由于近井地带储层部分流体渗流,并针对井筒温度分布的影响,分析了水平井射孔完井方式和注水工作制度对其分布差异的影响,并对近井地带储层对井筒温度分布的影响因素进行了研究。

Sagar 等(1991)建立了多相流井筒温度分布预测模型,并考虑了各种因素变化对焦耳-汤姆孙系数的影响。

Hasan 和 Kabir(1993)建立了考虑井斜角对井筒温度分布影响的模型,可用于研究气举和自然举升的气井,但计算的复杂性限制了该模型发展使用。

Miehel 和 Martyn(1994)建立了多生产层温度场模型,该模型可分析流体井眼和近井地带流体温度,即多孔介质摩擦损失分布。

毛伟和梁政(1999)假设井筒内部流体及井筒壁为稳定传热,而近井地带储层为非稳态传热，建立了一种适用于气藏气井生产分析的模型。

钟兵等（2000）对大量与井筒温度相关的敏感性因素进行了分析，得出钻井液入口温度和排量及储层热物性对井筒温度分布影响较大。

郭春秋和李颖川（2001）建立了气井井筒流动流体温度、压力及密度的方程组，考虑了井实际结构等较符合真实生产情况的影响因素。

曾林祥等（2003）建立了综合预测井筒温度压力分布的机理模型，考虑了焦耳-汤姆孙系数的影响，以动量、质量守恒为基础进行综合分析。

Yoshioka 等（2005）建立了稳态单相储层渗流并同时考虑水平井热传导的水平井筒耦合模型，因假设条件的局限性该模型只在特定条件下使用。

Ouyang 和 Belanger（2006）研究了相态变化并结合流体物性参数随开发时间的动态变化，综合分析了多因素结合对多分支井等井型焦耳-汤姆孙系数产生的影响。

Gao 和 Jalali（2008）建立了注水井热传导数学模型并与 Eclipse 对比，结果显示模型预测结果有较高精度。

朱得利等（2008）考虑酸性气体影响及储层和井筒传热复杂性，建立了新的酸性气体井筒温度压力计算模型，分析计算了单相气体井筒动态流动过程。

郭肖和杜志敏（2010）建立了酸性气井气-液-固三相井筒温度压力计算模型，对酸性气井井筒硫沉积进行了研究。

Wang 和 Horne（2011）建立了多相流非等温井筒压力分布模型，并利用数学方法求解得到了瞬态井筒的温度压力分布。

贾莎（2012）针对高含硫气井优选了流体偏差因子和黏度计算模型，硫颗粒析出，结合传热学建立了井筒气固温度压力分布预测模型，对高含硫气井井筒温度、压力分布进行了预测分析。

张砚（2016）建立了考虑多因素影响的高含硫水平井流动模型，实例验证表明液硫沉积会导致气井稳产时间下降，影响较大。

刘锦（2017）建立了考虑硫沉积的高含硫气井井筒非稳态温度压力耦合计算模型，通过实例模型计算，研究表明井筒流体成分及配产不同会对井筒硫沉积位置及井筒压力、温度造成影响。

蔡利华（2018）针对高温高压高含 CO_2 井筒建立了相关井筒温度、压力模型并进行实例分析，研究表明考虑高含量 CO_2 的井筒温度、压力剖面与常规研究略有区别。

2.井筒硫沉积机理研究

Smith 和 Steffensen（1970）通过实验发现，液态硫化氢在加热到 100℃时未出现多硫化氢，元素硫在压力低于 20MPa 时溶解度随温度增加而降低。

Hyne 和 Derdall（1980）认为元素硫从储层到井筒的运移过程主要以三种方式进行，即合成多硫化氢、溶解在烃类气体中、颗粒（固硫）或者液滴（液硫）被气体携带。结合生产实践分析，得出元素硫的携带和沉积与井筒温度、压力变化息息相关。

Roberts（1996）认为元素硫主要以物理溶解形式存在。

开展井筒硫沉积机理的研究前提和基础工作是弄清楚元素硫在气藏混合流体中的溶

解规律，也就是要明白溶解度随温度、压力变化而发生改变的规律。

1.2.4　储层-井筒一体化耦合计算模型研究现状

气藏开发是由储层渗流和井筒流动两个部分组成，随着油气藏数值模拟不断发展，许多学者在一体化研究油气藏开发动态方面做了大量研究。

Miller 等(1982)建立了储层渗流与井筒流动单相耦合模型，该预测模型为储层-井筒一体化研究奠定了基础。

Dias 等(1991)针对流体为气体建立了气藏与井筒耦合模型，研究了气体等温流动的变化。

王志明和陈月明(1995)开发了一套仿真系统，可动态模拟油藏和井筒参数变化。陈清华等(1999)改进了该系统，可跟踪导致储层变化的原因。

Dickstein 等(1997)针对单相、微可压缩流体建立了相对应的储层井筒一体化模型。

刘想平等(1999)根据势的迭加原理、质量守恒原理及动量定理建立了考虑水平井筒与储层渗流耦合的模型，该模型考虑了流体流入对井筒压降的影响；同时分析实际井筒压降对水平井流动的影响。

刘想平等(2000)建立了几种常见的完井情况下的井筒流动方程，根据质量守恒及动量定律建立了压降计算公式，给出了单相液体储层渗流压力计算公式，并通过实例计算了储层压力分布。

Aziz 和 Ouyang(2001)提出了一个可进行水平井和任意多分支水平井井筒流动模拟的单相储层-井筒一体化模型。

杜殿发等(2001)设计了具有半自动历史拟合、油藏动态模拟等功能的油藏数值模拟一体化系统。

苏玉亮等(2007)结合势的理论建立了可以预测单相油、油气两相流的油藏-水平井筒耦合模型。

周生田和郭希秀(2009)建立了水平井裸眼完井计算模型；在水平井混合压降计算中考虑了摩擦压降、加速度压降和流入等因素的影响；通过储层与井筒之间的耦合进行实例分析发现，水平井存在最优长度，且井产能变化与井筒压降有关。

曾凡辉等(2011)建立了考虑射孔孔眼、压裂裂缝等因素对流体流动产生影响的油藏-井筒耦合模型，推导了非稳态产能模型并应用于压裂水平井进行模拟计算。

谢迅和黄炳家(2012)建立了底水油藏及水平井耦合模型，对底水油藏水平井流动形态进行了分析研究，综合考虑了摩擦压降、加速度压降及混合压降等多因素，对水平井生产动态(压力、流量等分布)进行了分析。

董越(2015)运用数值模拟方法对低渗透 M 气藏单井进行了相态拟合，并针对 M 气藏提出了高效合理开发方案，对同类型气藏的高效开发提出了建设性意见。

吴星晔(2017)针对苏里格低渗气藏进行了储层-井筒-井口一体化气井生产动态分析，并对生产动态造成的影响(产水、应力敏感等)进行了分析研究。

第 2 章　高含硫气藏流体物性特征研究

2.1　高含硫气藏气体物性参数计算

高含硫气藏中由于酸性气体 H_2S、CO_2 等非烃类物质存在，气体物性参数的常规计算方法与实际有较大误差，需要对高含酸性气体的物性参数进行校正。因此高含硫气体的密度、黏度、偏差因子等参数都需要进行校正计算。通过对大量含水酸性气体物性参数的相关文献调研发现，水的存在对酸性气体偏差因子影响较小，可忽略，主要影响酸性气体黏度计算。

2.1.1　天然气偏差因子计算

偏差因子指的是一定温度、压力下，实际气体压缩后的体积与理想气体压缩后的体积之间的误差。高含硫气体由于含有大量酸性气体 H_2S，因此要对偏差因子进行校正以符合实际情况。常见的经验公式计算方法包括 Dranchuk-Purvis-Robinson(DPR)法、Dranchuk-Abu-Kassem(DAK)法和 Hall & Yarborough(HY)法等。

1.三种常见计算方法

(1)DPR 法。将拟对比温度和拟对比压力考虑到模型计算中，适用范围为：$1.05 \leqslant T_{pr} \leqslant 3.0$，$0.2 \leqslant p_{pr} \leqslant 30$。推导包含 8 个计算常数的偏差因子经验公式：

$$Z = 1 + \left(A_1 + \frac{A_2}{T_{pr}} + \frac{A_3}{T_{pr}} \right) \rho_{pr} + \left(A_4 + \frac{A_5}{T_{pr}} \right) \rho_{pr}^2 + A_5 \frac{A_6}{T_{pr}} \rho_{pr}^5 + \frac{A_7}{T_{pr}^3} \left(1 + A_8 \rho_{pr}^2 \right) \rho_{pr}^2 \exp\left(-A_8 \rho_{pr}^2 \right) \quad (2-1)$$

其中，$\rho_{pr} = 0.27 p_{pr} / (Z T_{pr})$，为拟对比密度；

　　A_i——给定参数值，$i = 1, \cdots, 8$，见表 2-1；

　　p_{pr}——拟对比压力，无因次量；

　　T_{pr}——拟对比温度，无因次量。

表 2-1　DPR 方程给定参数 A_i 值

参数	参数值	参数	参数值
A_1	0.31506237	A_5	−0.61232032
A_2	−1.0467099	A_6	−0.10488813
A_3	−0.57832729	A_7	0.68157001
A_4	0.53530771	A_8	0.68446449

(2)DAK 法。该方法与 DPR 经验公式的主要区别在于拟对比密度 ρ_{pr} 的考虑因素不同。DAK 法计算用到的拟对比密度 ρ_{pr} 计算如式(2-2)所示，表 2-2 给出了 $A_1 \sim A_{11}$ 的值。

$$1+\left(A_1+\frac{A_2}{T_{pr}}+\frac{A_3}{T_{pr}^3}+\frac{A_4}{T_{pr}^4}+\frac{A_5}{T_{pr}^5}\right)\rho_{pr}+\left(A_6+\frac{A_7}{T_{pr}}+\frac{A_8}{T_{pr}^2}\right)\rho_{pr}^2$$

$$-A_9\left(\frac{A_7}{T_{pr}}+\frac{A_8}{T_{pr}^2}\right)\rho_{pr}^5+\frac{A_{10}}{T_{pr}^3}\rho_{pr}^2\left(1+A_{11}\rho_{pr}^2\right)\exp\left(-A_{11}\rho_{pr}^2\right)-0.27\frac{p_{pr}}{\rho_{pr}T_{pr}}=0 \tag{2-2}$$

表 2-2　DAK 方程给定参数 A_i 值

参数	参数值	参数	参数值
A_1	0.3265	A_7	0.7361
A_2	1.07	A_8	0.1844
A_3	0.5339	A_9	0.1056
A_4	0.01569	A_{10}	0.6134
A_5	-0.05165	A_{11}	0.721
A_6	0.5475		

（3）HY 法。该方法适用范围为：$1.2\leqslant T_{pr}\leqslant3$，$0.1\leqslant p_{pr}\leqslant24.0$。

$$Z=\frac{1+\rho+\rho_{pr}^2+\rho_{pr}^3}{(1-\rho_{pr})^3}-\left(\frac{14.76}{T_{pr}}-\frac{9.76}{T_{pr}^2}+\frac{4.58}{T_{pr}^3}\right)\rho_{pr}+\left(\frac{9.76}{T_{pr}}-\frac{242.2}{T_{pr}^2}+\frac{42.4}{T_{pr}^3}\right)\rho_{pr}^{\left(1.18+\frac{2.82}{T_{pr}}\right)} \tag{2-3}$$

2. 偏差因子校正模型

GXQ（郭绪强）校正。基于 DPR 模型，国内学者郭绪强等采用对气体临界温度 T_{pc} 和临界压力 p_{pc} 进行校正的思路提出一种新的校正模型，该模型在常规酸性气体偏差因子校正计算中得到广泛应用。

$$T_c=T_m-C_{wa} \tag{2-4}$$

$$p_c=T_c\sum\left(x_ip_{ci}\right)\Big/\left[T_c+x_1\left(1-x_1\right)C_{wa}\right] \tag{2-5}$$

$$T_m=\sum_{i=1}^{n}\left(x_iT_{ci}\right) \tag{2-6}$$

$$C_{wa}=\frac{1}{14.5038}\left|120\left|\left(x_1+x_2\right)^{0.9}-\left(x_1+x_2\right)^{1.6}\right|+15\left(x_1^{0.5}-x_1^4\right)\right| \tag{2-7}$$

式中，T_c——临界温度，K；

$\quad\quad p_c$——临界压力，MPa；

$\quad\quad T_m$——混合物的临界温度，K；

$\quad\quad C_{wa}$——临界温度校正参数；

$\quad\quad x_1$——体系中 H_2S 的摩尔分数；

$\quad\quad x_2$——体系中 CO_2 的摩尔分数。

WA（Wicher-Aziz）校正。该校正方法也是考虑了各组分临界压力和临界温度的影响，将校正后的临界压力和临界温度代入经验公式进行计算。

$$p_c'=\frac{p_cT_c'}{T_c} \tag{2-8}$$

$$T_c' = T_c - 0.556\varepsilon \tag{2-9}$$

$$\varepsilon = 15\left(M - M^2\right) + 4.167\left(N^{0.5} - N^2\right) \tag{2-10}$$

式中，　p_c ——校正临界压力，kPa；

　　　　T_c ——校正临界温度，K；

　　　　ε ——校正参数；

　　　　M ——H_2S 与 CO_2 的摩尔分数之和；

　　　　N ——H_2S 的摩尔分数。

对表 2-3 所示某高含硫气井流体组分进行调研并分析实例数据，得到如图 2-1 所示的 DPR 模型模拟值与实际值的比较，可知采用 DPR 方法并结合 WA 校正法计算得到的高含硫气井气体偏差系数与实际值误差较小。本书采用 DPR 方法结合 WA 校正来进行高含硫气藏气体参数计算。

表 2-3　某高含硫气井流体组分

组分	CH_4	C_2H_6	H_2S	CO_2	N_2
摩尔分数%	92.321	0.045	2.931	4.367	0.336

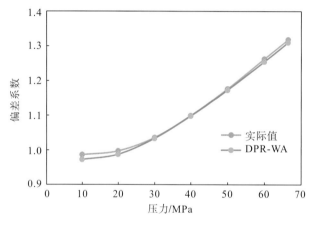

图 2-1　DPR 模型模拟值与实际值比较

2.1.2　高含 H_2S 天然气密度计算

高含 H_2S 天然气中存在多组分烃类及溶解的硫,因此计算高含酸性气体天然气的密度时，需要考虑各个组分及硫的存在。

天然气密度 ρ_g 计算如下：

$$\rho_g = \frac{28.96\gamma_g p}{RT} = 3483.28\gamma_g \frac{p}{T} \tag{2-11}$$

式中，　p ——压力，MPa；

　　　　R ——气体常数，$MPa \cdot m^3/(kmol \cdot K)$

　　　　T ——地层温度，K；

γ_g——天然气相对密度：

$$\gamma_g = \frac{\sum_{i=1}^{n} y_i M_i}{28.96} \tag{2-12}$$

式中，y_i——天然气中各组分的摩尔分数；

$\quad\quad n$——组分的种类；

$\quad\quad M_i$——i 组分相对分子质量。

一定温度、压力下溶解有硫的含酸性组分的天然气的密度（ρ_g'）可表示为含酸性气体的天然气密度（ρ_g）与此条件下硫溶解度（C_r）的和。

$$\rho_g' = \rho_g + C_r \tag{2-13}$$

2.1.3　含水酸性气体黏度计算

高含硫气藏天然气中由于含有大量酸性气体（H_2S、CO_2），导致计算气体黏度时需要对酸性气体组分进行校正，而水的存在对酸性气体黏度有影响。因此要考虑酸性气体含水量与酸性气体各组分摩尔含量的关系，将含水的新的气体组分代入黏度计算模型进行含水酸性气体黏度校正。

1.酸性气体含水时组分校正模型

Khaled（2007）对 Robinson 模型的不同组分进行了修正：

$$W_{H_2O,sour} = F \times W_{H_2O,sweet} \tag{2-14}$$

式中，$W_{H_2O,sour}$——标况下酸性气体水蒸气的摩尔质量，kg/kmol。

$$y_{H_2S}^{equi} = y_{H_2S} + 0.75 y_{CO_2} \tag{2-15}$$

$$\sqrt{R_{equi}} = 1 \bigg/ \left[a_0 + \sqrt{T} \left(a_1 + \frac{a_2}{\sqrt{y_{H_2S}^{equi}}} \right) \right] \tag{2-16}$$

式中，$y_{H_2S}^{equi}$——相平衡计算中的 H_2S 摩尔分数，小数；

$\quad\quad R_{equi}$——相平衡计算中的通用气体常数，小数。

其中参数如下：

$$a_0 = -4.095 \times 10^{-2}; \quad a_1 = -1.82865639 \times 10^{-3}; \quad a_2 = 1.93733 \times 10^{-1}$$

由于所研究气藏压力均大于 30MPa，则当 $p > 20.68$MPa 时，$F = f\left(y_{H_2S}^{equi}, T, p\right)$ 模型为

$$F = \left[b_0 + R_{equi} \left(b_1 + \frac{b_2}{\sqrt{p}} \right) \right]^2 \tag{2-17}$$

式中参数如下：

$$b_0 = 1.04, \quad b_1 = 5.48 \times 10^{-2}; \quad b_2 = -23.6857$$

结合质量守恒及气体状态方程可得

$$W_{H_2O,sour}^* = \frac{pT_{sc}}{p_{sc}T}W_{H_2O,sour} \tag{2-18}$$

结合组分与物质量的关系及气体状态方程进行气体组分修正可得

$$y_w = \left(W_{H_2O,sour}^* / M_w\right) / n_g^* \tag{2-19}$$

$$n_g^* = 1/V \tag{2-20}$$

$$(y_i)_c = (1-y_w)(y_i)_{lab} \tag{2-21}$$

式中，$W_{H_2O,sour}^*$——非标况下酸性气体水蒸气含量，kg/kmol；

M_w——纯水的摩尔质量，kg/kmol；

$(y_i)_c$、$(y_i)_{lab}$——修正后和实验条件下测定的气体各组分的摩尔分数，小数；

T_{sc}——标况下的温度，288.6K；

p_{sc}——标况下的压力，取 0.1010MPa；

V——酸性气体的体积；

n_g^*——非标况下酸性气体的体积摩尔数，kmol/m^3；

y_w——水的摩尔分数，小数。

2.酸性气体黏度计算模型

由于高含硫气藏流体中酸性气体的存在，天然气黏度的计算同样需要进行校正。常见的黏度计算模型有 Dempsey（D）法、Lee-Gonzalez（LG）法等。

1）Dempsey（D）法：

$$\ln\left(\frac{\mu_g}{\mu_1}\right) = C_0 + C_1 p_{pr} + C_2 p_{pr}^2 + C_3 p_{pr}^3 + T_{pr}\left(C_4 + C_5 p_{pr} + C_6 p_{pr}^2 + C_7 p_{pr}^3\right)$$
$$+ T_{pr}^2\left(C_8 + C_9 p_{pr} + C_{10} p_{pr}^2 + C_{11} p_{pr}^3\right) + T_{pr}^3\left(C_{12} + C_{13} p_{pr} + C_{14} p_{pr}^2 + C_{15} p_{pr}^3\right) \tag{2-22}$$

$$\mu_1 = \left(1.709\times10^{-5} - 2.062\times10^{-6}\gamma_g\right)(1.87+32) - 6.15\times10^{-3}\lg\gamma_g + 0.008188 \tag{2-23}$$

式中，μ_g——天然气在计算时刻的温度、压力下的黏度，mPa·s；

μ_1——天然气在标准大气压及特定温度时的黏度，mPa·s；

γ_g——天然气的相对密度值；

$C_0 \sim C_{15}$——给定参数值，见表 2-4。

表 2-4 Dempsey 法给定参数值

参数	参数值	参数	参数值
C_0	−2.4621182	C_8	−0.7933858684
C_1	2.97054714	C_9	1.39643306
C_2	−0.286264054	C_{10}	0.149144925
C_3	0.00805420522	C_{11}	0.00441015512
C_4	2.80860949	C_{12}	0.0839387178
C_5	−3.49803305	C_{13}	−0.186408846
C_6	0.36037302	C_{14}	0.0203367881
C_7	−0.0104432413	C_{15}	−0.000609579263

经过大量文献调研，Dempsey 法计算天然气黏度常采用 Standing 法进行校正，Standing 校正法如下所示：

$$\mu_1' = (\mu_1)_{un} + \mu_{N_2} + \mu_{CO_2} + \mu_{H_2S} \tag{2-24}$$

其中，

$$\mu_{H_2S} = M_{H_2S}\left(8.49\times10^{-3}\lg\gamma_g + 3.73\times10^{-3}\right) \tag{2-25}$$

$$\mu_{CO_2} = M_{CO_2}\left(9.08\times10^{-3}\lg\gamma_g + 6.24\times10^{-3}\right) \tag{2-26}$$

$$\mu_{N_2} = M_{N_2}\left(8.48\times10^{-3}\lg\gamma_g + 9.59\times10^{-3}\right) \tag{2-27}$$

式中，　μ_{H_2S}——H$_2$S 黏度校正值，mPa·s；

　　　　μ_{CO_2}——CO$_2$ 黏度校正值，mPa·s；

　　　　μ_{N_2}——N$_2$ 黏度校正值，mPa·s；

　　　　γ_g——天然气的相对密度值（空气为 1）；

　　　　M_{H_2S}、M_{CO_2}、M_{N_2}——该项气体占气体混合物的摩尔分数，小数。

2）Lee-Gonzalez（LG）法

Lee 和 Gonzalez 采用实验研究方法分析了石油公司提供的 8 组天然气样品的黏度和密度，通过实验数据分析得到了黏度计算的经验公式：

$$\mu_g = 10^{-4}K\exp\left(X\rho_g^{\gamma}\right) \tag{2-28}$$

$$K = \frac{0.026832(470+M_g)T^{1.5}}{116.1111+10.5556M_g+T} \tag{2-29}$$

$$X = 0.01\left(350+\frac{54777.78}{T}+M_g\right) \tag{2-30}$$

$$Y = 0.2(12-X) \tag{2-31}$$

$$\rho_g = \frac{28.96\gamma_g p}{ZRT} = \frac{3484.4\gamma_g p}{ZT} \tag{2-32}$$

式中，　μ_g——地层中天然气的黏度，mPa·s；

　　　　X、Y、K——计算参数；

　　　　M_g——天然气的摩尔质量，kg/mol；

　　　　ρ_g——地层天然气的密度，g/cm^3；

　　　　T——地层温度，K；

　　　　R——气体常数，MPa·m^3/(kmol·K)；

　　　　p——压力，MPa；

　　　　γ_g——天然气的相对密度（空气为 1）；

　　　　Z——偏差系数。

杨继盛针对 LG 法提出一种校正方法（YJS 法），公式如下：

$$K' = K + K_{H_2S} + K_{CO_2} + K_{N_2} \tag{2-33}$$

式中，　K'——校正后的系数；

K_{H_2S}、K_{CO_2}、K_{N_2}——天然气中 H_2S、CO_2、N_2 存在时引起的附加黏度校正系数。

当 $0.6 < \gamma_g < 1$ 时：

$$K_{H_2S} = Y_{H_2S}\left(0.000057\gamma_g - 0.000017\right) \times 10^4 \tag{2-34}$$

$$K_{CO_2} = Y_{CO_2}\left(0.00005\gamma_g + 0.000017\right) \times 10^4 \tag{2-35}$$

$$K_{N_2} = Y_{N_2}\left(0.00005\gamma_g + 0.000047\right) \times 10^4 \tag{2-36}$$

当 $1 < \gamma_g < 1.5$ 时：

$$K_{H_2S} = Y_{H_2S}\left(0.000029\gamma_g + 0.0000107\right) \times 10^4 \tag{2-37}$$

$$K_{CO_2} = Y_{CO_2}\left(0.000024\gamma_g + 0.000043\right) \times 10^4 \tag{2-38}$$

$$K_{N_2} = Y_{N_2}\left(0.000023\gamma_g + 0.000074\right) \times 10^4 \tag{2-39}$$

式中，Y_{H_2S}、Y_{CO_2}、Y_{N_2}——分别为混合气体中 H_2S、CO_2、N_2 所占体积分数。

以上是较常用的两种计算校正黏度的方法，经过模拟值与实验值对比，采用 Dempsey 法和 Standing 法结合水相校正的模型与实验值较接近，故本书采用含水 Dempsey 法和 Standing 校正法进行参数计算，如图 2-2 所示。

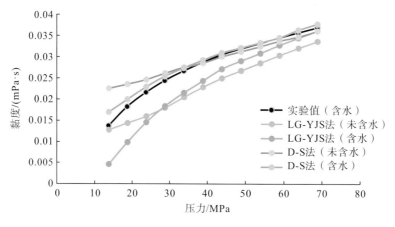

图 2-2　不同黏度计算模型与实验值对比

2.2　硫在酸性气体中溶解与析出机理

在中国及世界范围存在大量高含硫气藏，而高含硫气藏区别于常规气藏的特点除了 H_2S 的强腐蚀性和易燃易爆剧毒性，最大区别在于高含硫气藏中溶解的元素硫会析出沉积。随着气藏开采进行，储层压力温度下降，高含硫气藏含有酸性气体的混合流体中溶解的元素硫会析出，量足够大时会对储层渗流造成影响。所以研究硫在酸性气体中的溶解和析出机理相当重要。

2.2.1　硫元素的化学溶解

元素硫在高含硫气体中的化学溶解指的是在一定温度、压力条件下，元素硫和硫化氢之间会发生弱化学反应从而生成多硫化氢。元素硫(H_2S_{x+1})结构式见图2-3。

$$H_2S + S_x \xrightleftharpoons[\quad]{p,\ T} H_2S_{x+1} \tag{2-40}$$

该可逆反应适用于高温、高压储层条件，温度和压力升高化学反应向右进行，生成多硫化氢；温度和压力降低则化学反应向左进行，多硫化氢分解生成硫化氢气体和硫。当气体中硫含量达到此临界溶解度时，压力、温度继续下降，由于溶解能力下降，会有硫从气体中析出成为独立的固相，此时若流体流速不足以携带析出的硫颗粒发生运移，则硫会在储层中聚集。

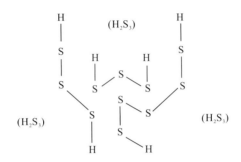

图 2-3　元素硫(H_2S_{x+1})结构式

物理溶解与化学溶解的主要区别在于是否生成新物质。而此过程中硫的变化是化学反应造成，所以该溶解方式称为硫的化学溶解。

2.2.2　硫元素的物理溶解

物理溶解认为硫以物理方式溶解于高含硫气体中(不与H_2S发生化学反应)。当储层压力和温度下降，元素硫在酸性气体中某一时刻的溶解度降低至该条件下的临界饱和状态时，如果压力和温度继续降低，硫会以硫分子结构析出并存在于气体中，当气体不能够携带析出的硫颗粒进行运移时，硫会在地层孔隙中发生沉积并伤害储层有效孔渗。由于此过程没有新物质形成(硫分子结构未发生化学变化)，被称为硫元素的物理溶解。95.6℃以下，硫单质以斜方硫(分子式为S_8)的形式稳定存在。

Brunner(1980)测得了元素硫在H_2S中的溶解度与温度和压力的关系，如图2-4所示。压力小于32MPa时，相同压力下，随着温度增加硫的溶解度逐渐减小；压力大于32MPa之后，同等压力下，硫在纯H_2S中的溶解度随温度增加而增大。

由上述可知，在气藏开发过程中两种溶解过程本质是不同的。大多数专家学者认为硫沉积主要机理是物理沉积，即在气藏储层开发过程中压力温度降低导致元素硫在酸性气体中的溶解度降低。实际气藏开发过程中硫沉积主要发生在近井范围，近井范围压降较大、流体流速较大，导致化学反应生成的硫较少，即压降导致溶解度下降的幅度较大。因此认为元素硫在高含硫酸性气体中的主要溶解方式是物理形式,同时气藏开发引起压力温度降低导致元素硫溶解度降低而析出硫是硫的主要析出方式。

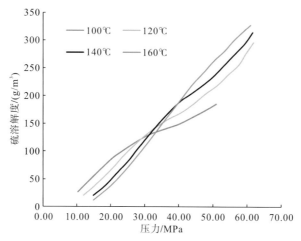

图 2-4　硫在硫化氢中的溶解度随温度、压力的变化关系

2.3　硫的存在方式

随着气体产出,高含硫气藏储层压力下降,近井温度有所降低,从而导致硫溶解度减小,在达到临界饱和度时硫从气相中析出。如果储层温度大于此温度、压力条件下硫的凝固点,元素硫会以液态的形式析出存在于储层中。

2.3.1　硫在地层中存在形式

若元素硫在储层中以液态形式存在,其在孔隙中的存在形式有悬浮、吸附、硫锁和可动硫(图 2-5~图 2-8)。

悬浮:液硫析出后以雾状形式存在于地层流体中,随着储层流体渗流而流动。这种情况只有在储层流体流速较大或者硫微粒自身质量较小时发生。

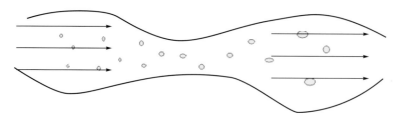

图 2-5　液硫在储层中的存在方式——悬浮

吸附:液硫随压力温度降低而析出后,一部分液硫可能吸附于地层中,液硫析出量较大时,岩石孔隙表面吸附量也逐渐增大,会形成一个薄的吸附层,吸附层会继续吸附析出的液硫而变得更厚。

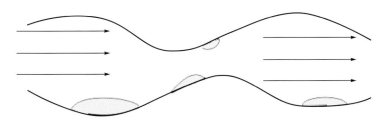

图 2-6　液硫在储层中的存在方式——吸附

硫锁：液硫析出后，部分元素硫会发生吸附存在于储层孔隙，而另一部分液硫则会在混合流体流动过程中发生相互聚集形成较大体积的硫滴，在体积足够大的液硫滴通过时，孔隙喉道会被卡住从而堵塞孔道，形成硫锁。

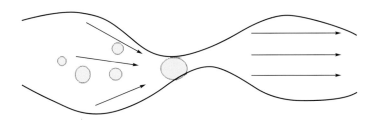

图 2-7　液硫在储层中的存在方式——硫锁

可动硫：当溶解于储层气藏中的硫析出量很大时，吸附沉积的硫继续增多，其中一些硫可以摆脱孔隙壁面束缚而随流体流动，此时流体与液态硫形成互不相容且共同流动的流体。

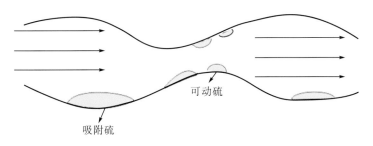

图 2-8　液硫在储层中存在方式——可动硫

2.3.2　硫的运移形式特征

1.硫单质临界悬浮速度计算

硫析出后随流体运移，是否发生吸附沉降对储层物性影响很大。硫颗粒是否沉降取决于硫颗粒随流体在孔隙中运移受到的各种力的综合作用，即流体水动力作用。当水动力不足以携带硫进行运移时，硫就会发生聚集沉降。硫颗粒在井筒中流动通常属于系数固体流动，气体密度远小于颗粒本身的密度，而流动过程中受到的压力梯度力、视质量力等力均远远小于颗粒本身的自重，可忽略不计，认为运动中的硫颗粒只受到重力 F_g、浮力 F_r 以及阻力 R 的作用(图 2-9)。

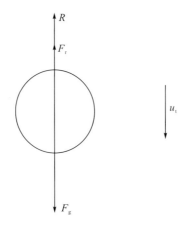

图 2-9　硫微粒运动受力简化示意图

硫微粒运移速度 u_t 与力之间的关系为

$$F_g - F_r - R = m\frac{\mathrm{d}u_t}{\mathrm{d}t} \tag{2-41}$$

将受力代入简化后的硫颗粒运动方程为

$$\frac{\pi d_s^3}{6}\left(\rho_s - \rho_g\right)g - \frac{\pi d_s^2}{8}\rho_g C_D u_t^2 = \frac{\pi d_s^3}{6}\rho_s\frac{\mathrm{d}u_t}{\mathrm{d}t} \tag{2-42}$$

当颗粒达到受力平衡状态时，进行匀速上升或者下降，此时有 $\dfrac{\mathrm{d}u_t}{\mathrm{d}t}=0$ ，则式 (2-42) 变为

$$\frac{\left(\rho_s - \rho_g\right)}{\rho_s}g = \frac{3\rho_g C_D}{4\rho_s d_s}u_t^2 \tag{2-43}$$

经过化简可以得到，在静止气流中颗粒的沉降末速计算表达式为

$$u_t = \sqrt{\frac{4\left(\rho_s - \rho_g\right)}{3\rho_g C_D}gd_s} \tag{2-44}$$

式中，　ρ_s ——硫颗粒密度，kg/m^3；

　　　　ρ_g ——气体密度，kg/m^3；

　　　　d_s ——硫颗粒直径，m；

　　　　C_D ——颗粒阻力系数。

当沉降速度 $u_g > u_t$ 时，流体携带硫颗粒移动；$u_g \leqslant u_t$ 时，硫颗粒发生沉积吸附，影响储层物性。因此，此时计算出的 u_t 为固体硫颗粒临界沉降速度 u_{gcr}。而实际计算过程中，由于硫颗粒浓度较大，颗粒之间的影响不能忽略不计，且硫颗粒粒径不同、形状不规则等也会影响硫颗粒沉降末速。大粒径颗粒、较高的颗粒浓度会造成气硫相对位置向上，使得重力有效分力减小，从而沉降末速减小；小粒径颗粒、较高的颗粒浓度会产生絮凝而使沉降末速变大。

2.硫液滴临界流速

当储层温度大于硫在此温度、压力下的凝固点时，硫将以液态硫滴形式析出，液硫在随流体运动的过程受力而变形，因此需要考虑硫液滴大小及变形特征对临界流速的影响。

李闽模型认为硫液滴体积不发生变化，将其考虑成椭圆形。

$$V = \frac{4}{3} Sh \tag{2-45}$$

$$h = \frac{2\sigma}{\rho_g v_g^2} \tag{2-46}$$

式中，S——椭圆体的截面积，m^2；

v_g——液滴体积，m^3；

V——椭圆体积，m^3；

σ——液滴界面张力，N/m；

h——液滴高度，m。

将最大液滴直径(d_{max})作为液滴高度即可求得临界流速：

$$d_{max} = \frac{\sigma N_{we}}{\rho_g v_g^2} \tag{2-47}$$

$$u_{gcr} = \sqrt[4]{\frac{8(\rho_s - \rho_g)g\sigma N_{we}}{3\rho_g^2 C_D}} \tag{2-48}$$

流动过程中液滴的临界韦伯数(N_{we})、液滴变形情况和阻力系数与硫液滴的临界流速相关。

流体在井筒中的临界流速对应气井的最小携液产量，若气井产量大于气体临界携液量的产气量，液硫滴将被混合流体携带而流向井口，携液量计算式如下所示：

$$Q_{cr} = 86400 \times u_{gcr} \times \frac{\pi d^2}{4} \times \left(\frac{Z_{cr} T_{cr}}{p_{cr}}\right)\left(\frac{p_f}{Z T_f}\right) \tag{2-49}$$

式中，Q_{cr}——气流临界携液硫的流量，$10^4\,m^3/d$；

Z_{cr}——标况压缩系数值，取值为 1；

p_{cr}、T_{cr}——标准状态下气体压力、温度值，MPa、℃；

p_f、T_f——硫析出位置处的压力、温度

值，MPa、℃。

3.流体对井壁固体硫的冲刷作用

高含硫气井中大量元素硫析出，随流体从储层流向井筒，被携带至井口方向，颗粒碰撞会引起颗粒由单颗粒向颗粒团聚集。流体流动过程中运动的硫颗粒与井筒管壁间可能会产生以下几种情况：高速硫颗粒与管壁壁面间的碰撞；硫颗粒在管壁上发生黏附形成颗粒床；已发生黏附沉积的硫颗粒被高速气流剪切冲刷而剥离井筒壁面，发生脱附现象。

硫颗粒在井筒壁面的受力情况见示意

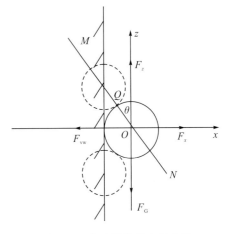

图 2-10 井壁颗粒受力示意图

图 2-10，z 正方向为井筒轴向上方向，x 正方向为从井筒径向指向井筒轴心。硫颗粒在井壁上主要受到的力除了流体对硫颗粒的剪切力、壁面对硫颗粒的黏性力及颗粒本身的表观重力，还有摩擦力、弹力等力。流体流动方向沿 z 轴正方向向上。

黏附力指的是井壁对硫颗粒的吸附黏性力，其主要作用力为范德华力(静电力等由于较小而可忽略)。硫颗粒与井筒壁面接触，其黏附力(F_{vw})计算公式如下：

$$F_{vw} = \frac{Ad_s}{12d_i^2} \tag{2-50}$$

式中，A——硫颗粒与井筒壁的接触面积，mm^2；

d_s——硫颗粒粒径，mm；

d_i——两固体间的最短距离，通常可取 $4.0 \times 10^{-10} m$。

在综合浮力的情况下，颗粒受到的垂向表观重力(F_G)计算如下：

$$F_G = \frac{\pi}{6}(\rho_p - \rho_f)gd_s^3 \tag{2-51}$$

式中，ρ_p、ρ_f——重力和浮力的密度表征。

剪切作用对吸附于管壁的硫颗粒的主要效果是，一方面推动颗粒岩井筒轴向运移，另一方面由于颗粒顶面流体流速比壁面接触面流速小，顶面流速高、压力小，接触面流速低、压力高，这样产生的压差会形成上举力，推动颗粒上升而达到剥离的作用。颗粒受到的剪切力可以分解为 z 方向推力和 x 方向升力。

z 方向推力作用：

$$F_z = \frac{C_D S \rho_g v_g^2}{2} \tag{2-52}$$

x 方向升力作用：

$$F_x = \frac{C_L S \rho_g v_g^2}{2} \tag{2-53}$$

式中，S——硫颗粒在 z 方向的投影面积；

C_L——上升力系数，可由实验测得。

通过颗粒在井壁的受力分析可知，原受力平衡的硫颗粒要想在高速流体的作用下从井筒壁面发生剥离，必须满足如下所示的力矩平衡关系：

$$F_z L_x + F_x L_z \geq F_G L_x + F_{vw} L_z \tag{2-54}$$

式中，L_x、L_z——力臂，$L_x = \frac{d_s}{2}\sin\theta$，$L_z = \frac{d_s}{2}\cos\theta$。

将剪切力表达式代入式(2-54)中，化简可以得到：

$$v_g \geq \sqrt{\frac{2(F_G \sin\theta + F_{vw}\cos\theta)}{S\rho_g(C_D\sin\theta + \beta\cos\theta)}} \tag{2-55}$$

式中，β——紊流速度系数，m^{-1}。

整理得硫颗粒从井壁剥离的临界流速 v_{gs} 表达式为

$$v_{gs} = \sqrt{\frac{2}{C_D S\rho_g} + \left(F_G + \frac{F_{vw} - F_G\beta}{tg\theta + \beta}\right)} \tag{2-56}$$

当井筒流体流速大于或等于 v_{gs} 时，即认为附着在井壁面的硫颗粒能够被气流剥离而不会在壁面形成更厚的沉积。

当硫颗粒粒径小于 1mm 时，颗粒运动的主要作用力称为黏性力而不是重力。因此，当硫颗粒粒径远小于 1mm 时，可以认为 $F_{vw} > F_G > F_G \beta$。

当角 $\theta = 0°$ 时，v_{gs} 取到最大值为

$$v_{gs_{max}} = \sqrt{\frac{2F_{vw}}{C_L S \rho_g}} \tag{2-57}$$

2.4　硫沉积对储层孔渗及井筒流动影响

随着生产开发进行，高含硫气藏压力、温度下降，导致硫溶解度下降。开发初期，溶解度下降导致硫的析出量较少，不足以影响储层孔渗，但随着生产进行，析出的硫在储层渗流通道逐渐积累，对储层孔隙的影响逐渐加剧，影响储层渗流及气藏正常开发。

2.4.1　硫沉积对储层物性的影响

1.硫对储层孔隙度的影响

储层孔隙度指的是单位体积岩样中未被固体物质所填充的空间体积与岩样体积的比，而孔隙度大小受到岩样矿物组分类别及组分分选性、岩样骨架中颗粒排列方式及埋藏深度等因素的影响，高含硫气藏随着开发进行析出的部分液硫作为一种新的物质附着于孔隙通道中，占据原孔隙空间从而导致孔隙度下降。

假设单位储层体积为 V，沉积的硫在某一时刻所具有的体积为 V_s，假设硫在储层压力下体积固定不发生变形，硫沉积孔隙体积发生改变，改变值为 $\Delta\varphi$。

$$V_s = \Delta x \Delta y \Delta z \varphi S_g (C_{r1} - C_{r2}) / \rho_s \tag{2-58}$$

$$\Delta\varphi = \frac{V_s}{V} \times 100\% \tag{2-59}$$

发生硫沉积后的孔隙度 φ' 为

$$\varphi' = \varphi - \Delta\varphi = \frac{V_\varphi - V_s}{V} \times 100\% \tag{2-60}$$

式中，S_g——气体饱和度；

　　　　C_{r1}——t_1 时刻元素硫的溶解度；

　　　　C_{r2}——t_2 时刻元素硫的溶解度；

　　　　φ——初始孔隙度；

　　　　V_φ——初始孔隙体积，m^3。

2.硫对储层渗透率的影响

岩石渗透率指的是一定压力下，岩石充满单相不可压缩流体(流体不与岩石发生反应)，流体能够通过岩石孔隙的能力大小。岩石渗透率是对多孔介质的孔隙弯曲程度和面

积大小的表征，因此岩石的渗透率与岩石本身具有的孔隙结构密切相关。高含硫气藏开发中随着压力温度下降，析出硫沉积对孔隙造成影响，同时对岩石渗透率必定也有影响。通过查找文献，本书采用 Carman-Kozeny 模型（Pope et al.，1996）描述随开发析出的硫对渗透率的影响。

$$K = K_0 \left(\frac{\varphi'}{\varphi} \right)^3 \left(\frac{1-\varphi}{1-\varphi'} \right)^2 \tag{2-61}$$

式中，φ、φ'——初始孔隙度和硫沉积后的孔隙度；

$\quad\quad$ K_0——初始渗透率，μm^2。

2.4.2　硫沉积对井筒流动影响

井筒流体中硫溶解度低于对应压力、温度条件下的临界溶解度时，会有硫析出。析出的硫通常认为以三种状态存在，一部分硫颗粒被高速流体携带出井筒，一部分硫颗粒由于重力因素占绝对优势不足以被携带而沉降于井底，剩下的硫在井筒中形成悬浮和沉积。

高含硫流体在井筒中流动会有不同流态，确定硫析出位置及此处的温度、压力变化很重要。如果析出的液态硫不能够被气体携带，就会在井筒底部位置滞留形成积液，影响井筒地层流体之间的压力分布及井筒压力、温度分布。硫的沉积会使流体井筒流通面积不断减少直至完全堵塞井筒和地面管线，造成气井减产或者停产。同时元素硫在井壁上的沉积还会导致管线材料的腐蚀，对气井正常的生产造成危害。另外，硫的腐蚀会给生产设备的保养维护带来困难。

第3章　高含硫气井井筒温度-压力耦合计算

在开采过程中，高含硫气藏气井的井筒温度、压力参数对气井的生产具有重要意义。高含硫气井在生产过程中可能会发生硫的析出，如果气流不能及时将析出的硫携带走，硫就会在井筒中沉积，进而堵塞井筒，影响井筒的正常生产。本章在第2章的基础上，考虑析出硫为固态情况下的井筒流体流动情况，进行井筒温度、压力的耦合计算。

3.1　高含硫气井井筒温度模型

储层中的流体通过井筒从井底向井口流动的过程中，井筒以及周围的地层与井筒内的流体之间存在着温度差，因此井筒内的流体与地层之间必然存在着热交换，并且热量还用来进行自身能量的交换。井筒的温度是随着井深位置的变化而改变的，由于流体温度高于对应深度处的地层温度，因此流体自下而上流动过程中井筒温度是逐渐降低的。高含硫气井的温度分布是气井井筒压力计算、气井生产动态预测的重要资料，通过下入测试仪来测定井筒的温度对于深度为几千米的高含硫气井难度很大，因此研究高含硫气井井筒的温度预测模型就十分重要。

3.1.1　温度模型基本假设

通常将热量在气井内的传递分为三个区域，如图3-1中的Ⅰ、Ⅱ、Ⅲ区。从图中可以看到，Ⅰ区表示油管内部的热量传递，其传递方式是热对流；Ⅱ区表示热量在油管壁到水

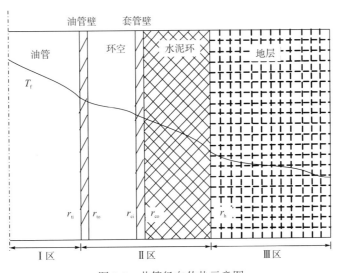

图 3-1　井筒径向传热示意图

泥环外边界之间的热量传递，其传递方式是热传导、热对流和热辐射；Ⅲ区表示热量在地层中的传递，其传递方式是热传导。

模型的假设条件为：

(1)油套管同心；

(2)气体热量在Ⅰ、Ⅱ区内做稳定传热，在Ⅲ区内传热为非稳态传热；

(3)忽略Ⅱ、Ⅲ区内纵向上的热损失，认为其纵向传热远大于垂向传热量；

(4)储层温度随着储层深度线性变化，并已知地温梯度。

3.1.2　高含硫气井井筒温度模型

从气井井筒取出的一个单元控制体如图 3-2 所示，坐标系原点选在单元体的下方。

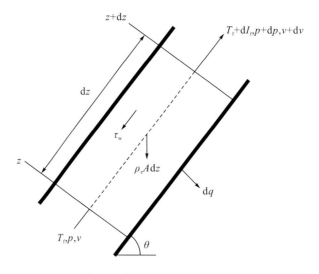

图 3-2　单元控制体传热示意图

选取长度为 dz 的一个单元段，根据能量守恒原理可以得到：

$$\frac{\mathrm{d}h}{\mathrm{d}z}=\frac{\mathrm{d}q}{\mathrm{d}z}-\frac{v\mathrm{d}v}{\mathrm{d}z}-g\sin\theta \tag{3-1}$$

根据热力学基本理论，式(3-1)中焓的表达式可以转化为

$$\mathrm{d}h=\left(\frac{\partial h}{\partial T_\mathrm{f}}\right)_p\mathrm{d}T_\mathrm{f}+\left(\frac{\partial h}{\partial p}\right)_T \tag{3-2}$$

依据定压流体比热 c_{pm} 和焦耳-汤姆孙系数 α_J 定义，有

$$c_{pm}=\left(\frac{\partial h}{\partial T_\mathrm{f}}\right)_p \tag{3-3}$$

$$\alpha_\mathrm{J}=\left(\frac{\partial T_\mathrm{f}}{\partial p}\right)_h=\frac{\left(\partial h/\partial p\right)_T}{\left(\partial h/\partial T_\mathrm{f}\right)_p}=-\frac{1}{c_{pm}}\left(\frac{\partial h}{\partial p}\right)_T \tag{3-4}$$

从而式(3-2)就可以表示为

$$\mathrm{d}h = c_{pm}\mathrm{d}T_{\mathrm{f}} - \alpha_{\mathrm{J}}c_{pm}\mathrm{d}p \tag{3-5}$$

因此式(3-1)就可以转化为

$$\frac{\mathrm{d}T_{\mathrm{f}}}{\mathrm{d}z} = \alpha_{\mathrm{J}}\frac{\mathrm{d}p}{\mathrm{d}z} + \frac{1}{c_{pm}}\left(\frac{\mathrm{d}q}{\mathrm{d}z} - \frac{v\mathrm{d}v}{\mathrm{d}z} - g\sin\theta\right) \tag{3-6}$$

Ⅰ、Ⅱ区内稳定传热方程为

$$\frac{\mathrm{d}q}{\mathrm{d}z} = -\frac{2\pi r_{\mathrm{to}}U_{\mathrm{to}}}{w}\left(T_{\mathrm{f}} - T_{\mathrm{h}}\right) \tag{3-7}$$

Ⅲ区内的不稳定传热方程为

$$\frac{\mathrm{d}q}{\mathrm{d}z} = -\frac{2\pi k_{\mathrm{e}}}{wf(t_{\mathrm{D}})}\left(T_{\mathrm{h}} - T_{\mathrm{e}}\right) \tag{3-8}$$

式中，h——焓，用来表征物质系统能量的一个状态参量，J/kg；

　　　　q——垂向上流体的热损失量，J/kg；

　　　　v——流体流速，m/s；

　　　　U_{to}——Ⅱ区内的传热系数，W/(m²·℃)；

　　　　k_{e}——Ⅲ区内的导热系数，W/(m·℃)；

　　　　w——气体质量流量，kg/s；

　　　　T_{f}——井筒内流体的温度，℃；

　　　　T_{h}——水泥环与储层界面的温度，℃；

　　　　T_{e}——储层温度，℃；

　　　　$f(t_{\mathrm{D}})$——无因次时间函数；

　　　　c_{pm}——流体定压比热，J/(kg·℃)；

　　　　α_{J}——焦耳-汤姆孙系数，℃/Pa。

联立式(3-6)、式(3-7)与式(3-8)就可以得到井筒温度降的微分表达式：

$$\frac{\mathrm{d}T_{\mathrm{f}}}{\mathrm{d}z} = -\frac{2\pi r_{\mathrm{to}}U_{\mathrm{to}}k_{\mathrm{e}}}{w\left[r_{\mathrm{to}}U_{\mathrm{to}}f(t_{\mathrm{D}}) + k_{\mathrm{e}}\right]}\left(T_{\mathrm{f}} - T_{\mathrm{e}}\right) - \frac{g\sin\theta}{c_{pm}} - \frac{v}{c_{pm}}\frac{\mathrm{d}v}{\mathrm{d}z} + \alpha_{\mathrm{J}}\frac{\mathrm{d}p}{\mathrm{d}z} \tag{3-9}$$

对式(3-9)进行求解，可以得到井筒温度的表达式：

$$\begin{aligned}
T_{\mathrm{f},2} = {}& T_{\mathrm{ei},2} + \exp\left(\frac{\Delta z}{A}\right)\left(T_{\mathrm{f},1} - T_{\mathrm{ei},1}\right) \\
&+ A\left[1 - \exp\left(\frac{\Delta z}{A}\right)\right]\left(-\frac{g\sin\theta}{c_{pm}} + \alpha_{\mathrm{J}}\frac{\mathrm{d}p}{\mathrm{d}z} - \frac{v}{c_{pm}}\frac{\mathrm{d}v}{\mathrm{d}z} + g_{\mathrm{T}}\sin\theta\right)
\end{aligned} \tag{3-10}$$

其中，A的表达式为

$$A = \frac{C_{pmw}}{2\pi}\left[\frac{r_{\mathrm{to}}U_{\mathrm{to}}f(t_{\mathrm{D}}) + k_{\mathrm{e}}}{r_{\mathrm{to}}U_{\mathrm{to}}k_{\mathrm{e}}}\right] \tag{3-11}$$

式中，$T_{\mathrm{f},2}$——出口处井筒温度，℃；

　　　　$T_{\mathrm{ei},2}$——出口处地层温度，℃；

　　　　$T_{\mathrm{f},1}$——进口处井筒温度，℃；

　　　　$T_{\mathrm{ei},1}$——进口处地层温度，℃；

g_T ——地温梯度，℃/m；

Δz ——入口与出口处 z 坐标之差，m。

3.1.3 温度模型中参数的计算

下面介绍温度模型中几个参数的计算方法。

1.无因次时间函数 $f(t_D)$

无因次时间函数 $f(t_D)$ 表示的是Ⅲ区内热阻随时间的变化，Hasan-Kabir(1991)给出了计算 $f(t_D)$ 的表达式。

当 $t_D \leqslant 1.5$ 时：

$$f(t_D) = 1.1281\sqrt{t_D}(1 - 0.3\sqrt{t_D}) \tag{3-12}$$

当 $t_D > 1.5$ 时：

$$f(t_D) = (0.5\ln t_D + 0.4063)\left(1 + \frac{0.6}{t_D}\right) \tag{3-13}$$

式中，t_D ——无因次时间，$t_D = 7.5 \times 10^{-7}\dfrac{t}{r_h^2}$。其中，$t$ 为气井生产时间，s；r_h 为水泥环外半径，m。

2.Ⅱ区内的传热系数 U_{to}

传热系数 U_{to} 表示整个Ⅱ区内的传热系数，从图 3-1 中可以看出，Ⅱ区内的传热包括油管壁的传热、套管壁的传热，以及油套环空的传热和水泥环的传热。气传热包括导热、辐射和对流三种形式，可以将Ⅱ区这几个空间看成几个热阻的并联，从而得到整个热阻，U_{to} 便是整个热阻的倒数。

$$\frac{1}{U_{to}} = \frac{r_{to}}{r_{ti}h_{to}} + \frac{r_{to}\ln(r_{to}/r_{ti})}{k_t} + \frac{1}{h_c + h_r} + \frac{r_{to}\ln(r_{co}/r_{ci})}{k_{cas}} + \frac{r_{to}\ln(r_h/r_{co})}{k_{cem}} \tag{3-14}$$

油管和套管的热阻往往很小，因此简化后的传热系数表达式为

$$\frac{1}{U_{to}} = \frac{1}{h_c + h_r} + \frac{r_{to}\ln(r_h/r_{co})}{k_{cem}} \tag{3-15}$$

式中，r_{ti} ——油管内半径，m；

$\quad\quad r_{to}$ ——油管外半径，m；

$\quad\quad r_{ci}$ ——套管内半径，m；

$\quad\quad r_{co}$ ——套管外半径，m；

$\quad\quad r_h$ ——水泥环外半径，m；

$\quad\quad h_{to}$ ——井筒流体对流换热系数，W/(m²·℃)；

$\quad\quad h_c$ ——油套环空对流换热系数，W/(m²·℃)；

$\quad\quad h_r$ ——油套环空辐射传热系数，W/(m²·℃)；

$\quad\quad k_t$ ——油管导热系数，W/(m·℃)；

k_{cas}——套管导热系数，W/(m·℃)；

k_{cem}——水泥环导热系数，W/(m·℃)。

3.定压比热 c_{pm}

由于生产井中的流体包括几种气体组分，如果携带有硫微粒，则是气、固两相所组成的混合物，如果只有气体成分，那么有

$$c_{pg} = \sum_i y(i) c_p(i) \tag{3-16}$$

式中，c_{pg}——气相的定压比热，J/(kg·℃)；

$y(i)$——气体组分 i 的摩尔分数；

$c_p(i)$——气体组分 i 的定压比热，J/(kg·℃)，可以通过经验公式或者实验拟合的方式得到。

如果气体携带有析出的硫颗粒，此时

$$c_{pg,s} = \frac{Q_s}{Q_m} c_{p,s} + \frac{Q_g}{Q_m} c_{pg} \tag{3-17}$$

式中，$c_{pg,s}$——气固相混合物的定压比热，J/(kg·℃)；

$c_{p,s}$——固相的定压比热，J/(kg·℃)；

Q_s、Q_g、Q_m——固相、气相、气-固混合物的质量流量，kg/s。

4.焦耳-汤姆孙系数 α_J

α_J 的计算公式：

$$\alpha_J = \frac{R}{c_p} \frac{\left(2r_A - r_B T_f - 2r_B B T_f\right) Z - \left(2r_A B + r_B A T_f\right)}{\left[3Z^2 - 2(1-B)Z + \left(A - 2B - 3B^2\right)\right] T_f} \tag{3-18}$$

其中，

$$A = \frac{r_A p}{R^2 T_f^2} \tag{3-19}$$

$$B = \frac{r_B p}{R T_f} \tag{3-20}$$

$$r_A = \frac{0.457235 \alpha_i R^2 T_{pci}^2}{p_{pci}} \tag{3-21}$$

$$r_B = \frac{0.077796 R T_{pci}}{p_{pci}} \tag{3-22}$$

$$\alpha_i = \left[1 + m_i \left(1 - T_{pri}^{0.5}\right)\right]^2 \tag{3-23}$$

$$m_i = 0.3746 + 1.5423 \omega_i - 0.2699 \omega_i^2 \tag{3-24}$$

式中，R——气体状态方程系数，J/(mol·K)；

T_{pci}——组分 i 的临界温度，K；

T_{pri}——组分 i 的对比温度，K；

p_{pci}——组分 i 的临界压力，MPa；

ω_i——组分 i 的偏心因子。

对于携带有硫微粒的气体，其焦耳-汤姆孙系数的处理类似于处理气-固相的定压比热：

$$\alpha_{J,g,s} = \alpha_{J,g} \frac{c_{pg}}{c_{pg,s}} \frac{Q_g}{Q_m} + \alpha_{J,s} \frac{c_{ps}}{c_{pg,s}} \frac{Q_s}{Q_m} \qquad (3\text{-}25)$$

式中，$\alpha_{J,g,s}$——气-固相混合物的焦耳-汤姆孙系数，℃/Pa；

$\alpha_{J,g}$——气相的焦耳-汤姆孙系数，℃/Pa；

$\alpha_{J,s}$——固相的焦耳-汤姆孙系数，℃/Pa。

3.2　高含硫气井井筒压力模型

3.2.1　没有硫析出的气相井筒压力模型

对于高含硫气井，当气体从储层流入井筒时，如果单质硫在气体中的溶解度未达到饱和，流体就会以单一气相向着井口流动，此时压力模型为单相管流模型。

类似于分析温度模型，取一微元段的井筒段，将气相硫考虑为一维、稳定的问题，见图 3-1。

作用于微元段控制体的外力应该等于气体的动量变化：

$$\sum F_z = \rho_g A \mathrm{d}z \frac{\mathrm{d}v}{\mathrm{d}t} \qquad (3\text{-}26)$$

式中，A——管流截面积，m^2；

v——流体流动速度，m/s；

$\dfrac{\mathrm{d}v}{\mathrm{d}t}$——流体运动加速度，m/s^2。

该控制体所受到的 $\sum F_z$ 包括三个部分：

(1) 流体重力在管线方向的分量，即 $-\rho_g g A \mathrm{d}z \sin\theta$；

(2) 控制体所受到的压力，即 $-A\mathrm{d}p$；

(3) 管壁的摩擦阻力，即 $-\tau_w \pi D \mathrm{d}z$。

将以上三种力代入式(3-26)中，整理后得

$$\frac{\mathrm{d}p}{\mathrm{d}z} = -\rho_g g \sin\theta - \frac{\tau_w \pi D}{A} - \rho_g v \frac{\mathrm{d}v}{\mathrm{d}z} \qquad (3\text{-}27)$$

其中，τ_w——流体与管壁的摩擦应力，Pa；

D——管径，m。

摩擦应力 τ_w 与摩阻系数 f 成正比：

$$\tau_w = \frac{f}{4} \times \frac{\rho_g v^2}{2} \qquad (3\text{-}28)$$

从而可以得到井筒单相流体井筒压力梯度方程：

$$\frac{dp}{dz} = -\rho_g g \sin\theta - f\frac{\rho_g v^2}{2D} - \rho_g v\frac{dv}{dz}$$ (3-29)

式 (3-29) 等号右边三项依次为重力梯度、摩阻梯度、加速度梯度，可以分别用 $\left(\frac{dp}{dz}\right)_G$、$\left(\frac{dp}{dz}\right)_F$、$\left(\frac{dp}{dz}\right)_A$ 来表示。

3.2.2 析出硫为固态的气-固相井筒压力模型

当气体在井筒中流动时，若硫颗粒在高含硫气体中的溶解度达到饱和，气体中就会析出硫颗粒，析出的硫会占据一定的空间，从而形成气-固两相流动。析出的硫颗粒可能随着气体一起被携带出井筒，也有可能沉积下来，逐渐堵塞井筒，影响生产井的正常生产。

气、固一起流动时，硫颗粒受到重力、浮力、Basset 力等力的作用，再加上颗粒与颗粒之间、颗粒与管壁之间产生的碰撞，导致颗粒产生纵向和横向脉动，以及旋转运动，使得颗粒的向上运动是个相当复杂的过程，不过可以按照气液流的形式，将气、固流大致分为以下几种类型，如图 3-3 所示。

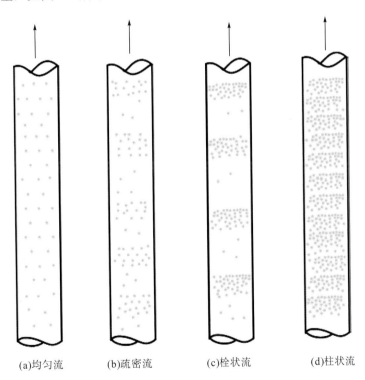

(a)均匀流　　(b)疏密流　　(c)栓状流　　(d)柱状流

图 3-3　固体硫在井筒中的流动形式

(a) 均匀流：在气流速度很大时，硫颗粒和气体一起运动，在管道截面均匀分布。

(b) 疏密流：相比于均匀流，当气流速度下降到一定程度时，颗粒在气流中呈现非均匀分布。

(c) 栓状流：气流速度继续降低，颗粒群开始聚集成栓状，称为栓状流，此时硫颗粒仍然是悬浮在气体中向上流动的。

(d)柱状流：气流速度进一步降低，颗粒大规模聚集，严重堵塞，气体像通过多孔介质一样流动。

为了方便求解，模型需要做以下的假设：

(1)不考虑气井产水；

(2)井底温度低于硫的凝固点，即析出的硫为固态；

(3)对于井筒同一截面，气、固两相温度和压力分别对应相同；

(4)析出的硫为单一直径的球形颗粒；

(5)析出的硫如果随着气体流动，则硫颗粒均匀分布于气体中，如果硫不能随气体流动，则沉积在析出所在位置的井筒壁面。

此时的压力模型与单相流压力模型类似，只是其中一些参数变成了气-固两相流的参数：

$$\frac{\mathrm{d}p_\mathrm{m}}{\mathrm{d}z} = -\rho_\mathrm{m}g\sin\theta - f_\mathrm{m}\frac{\rho_\mathrm{m}v_\mathrm{m}^2}{2D} - \rho_\mathrm{m}v_\mathrm{m}\frac{\mathrm{d}v_\mathrm{m}}{\mathrm{d}z} \tag{3-30}$$

式中，下标 m——气、固混合物。

根据第 2 章中的内容，对于井筒中析出的硫的体积流量可以表示为

$$Q_\mathrm{s} = \frac{(C_\mathrm{r1} - C_\mathrm{r2})Q_\mathrm{g}}{\rho_\mathrm{s}} \times 10^{-3} \tag{3-31}$$

式中，Q_s——析出的硫的体积流量，m^3/s；

Q_g——气体体积流量，m^3/s。

由气-固两相流动理论可以知道：

$$H_\mathrm{s} = \frac{Q_\mathrm{s}}{Q_\mathrm{s} + Q_\mathrm{g}} \tag{3-32}$$

式中，H_s——容积含固率。

此时混合物的密度为

$$\rho_\mathrm{m} = H_s\rho_\mathrm{s} + (1 - H_s)\rho_\mathrm{g} \tag{3-33}$$

混合物的摩阻系数 f_m 为

$$f_\mathrm{m} = f_\mathrm{g} + \frac{Q_\mathrm{s}}{Q_\mathrm{g}}\frac{v_\mathrm{s}}{v_\mathrm{g}}f_\mathrm{s} \tag{3-34}$$

f_s 可以根据下式进行计算：

$$f_\mathrm{s} = \frac{27}{Fr^{0.75}} \tag{3-35}$$

$$Fr = \frac{v_\mathrm{s}^2}{gd_\mathrm{s}} \tag{3-36}$$

式中，Fr——弗劳德数；

v_s——硫微粒流速，$\mathrm{m/s}$；

d_s——硫微粒直径，m。

3.3　高含硫气井温度压力耦合计算方法

在 3.1 节和 3.2 节中介绍了高含硫气井井筒温度压力计算的方法,从之前章节所介绍的气体物性参数的计算中也可以看到,气体的物性参数是基于温度和压力的。与此同时,从井筒温度-压力模型中也可以看到,在计算温度的参数中很多都是关于压力的函数,而在计算压力的函数中又有很多是关于温度的函数,因此要想得到高含硫气井井筒温度、压力的分布,就需要将温度和压力进行迭代求解。

所谓迭代求解,就是通过数值逼近的方法,给定井筒温度、压力的初值,代入求得所需参数,进而得到一组新的温度、压力值,通过比较两次计算的结果的差值,如果不能满足精度要求,就把新的解传递给原有的温度压力值,如此反复循环计算,直到满足精度要求,并作为我们最终的温度压力值。

具体的求解思路是:

(1)对井筒进行分段,并对井段进行编号。

(2)对井筒温度、压力赋初值 T_{ini}、p_{ini},温度 T_{ini} 为对应深度的地温梯度,压力初值可以给定从井口到井底的线性分布压力 p_{ini}。

(3)从井底到井口,依次计算每段压力值,具体办法是:

①由 i 段井筒温度 T_i、压力 p_i 为已知条件,按照压降公式计算 $i+1$ 段的压力值 p_{i+1};

②取 i 段压力 p_i 和①中计算得到的 p_{i+1} 的平均值,代替①中的 p_i,按照压降公式计算 $i+1$ 段的压力值 p'_{i+1};

③比较①中计算得到的 p_{i+1} 与②中计算得到的 p'_{i+1},若不满足精度要求,则将 p'_{i+1} 的值赋给 p_{i+1},重复②、③步,直到计算满足精度;

④在 $i+1$ 段压力 p_{i+1} 计算满足精度以后,再依次计算下一段井筒压力,即 $i=i+1$,直到计算到井口,从而得到一个新的压力剖面 p_{late}。

(4)将更新的井筒压力剖面与原有温度剖面结合,从井底计算新的井筒温度剖面,具体方法为:

①由 i 段井筒温度 T_i、压力 p_i 为已知条件,按照温度计算模型,计算 $i+1$ 段井筒温度;

②计算段向上移动,直到计算到井口,从而得到一个新的温度剖面 T_{late}。

(5)将更新的 p_{late}、T_{late} 与 p_{ini}、T_{ini} 进行比较,若不满足精度要求,则将 p_{late} 和 T_{late} 分别赋给 p_{ini}、T_{ini}。重复③、④步,直到达到精度要求。

以上即为本书耦合井筒温度、压力的具体办法,对应的求解框图见图 3-4。

根据前面的假设,储层开始已经饱和有元素硫,流体从储层流入井筒存在压力降,所以在井筒中的硫肯定也是饱和的,因此在计算井筒温度、压力时就认为自井底开始有硫的析出,即从井底开始就是两相流动。对于单相流的耦合计算,只需要将其中参数的计算改成单相流的计算即可。

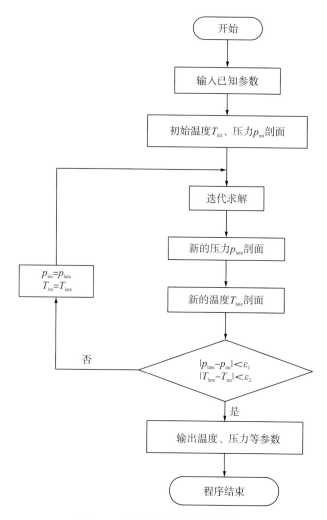

图 3-4   井筒温度压力耦合程序图

3.4   模 型 验 证

已知某高含硫气藏原始储层压力为41MPa，储层温度为97.4℃，井口环境温度为15℃，通过测定井流物发现硫化氢含量为89g/m³，其详细气体组成见表 3-1。其中某井 Y1 的详细参数见表 3-2。现场没有测定分析元素硫的溶解量。

为了验证模型的正确性，选择与商业软件 Pipesim 所计算的井筒温度、压力分布进行对比，假设没有硫析出，将本书模型与 Pipesim 计算所得结果进行对比来验证模型的实用性。

表 3-1   Y1 井天然气组成

气体成分	C_1	C_2	C_{3+}	N_2	H_2S	CO_2	H_2
摩尔分数/%	79.9	0.09	0.02	2.89	11.1	5.89	0.11

表 3-2　Y1 井井深结构与生产数据

参数	数值	参数	数值
井深/m	4100	水泥环厚度/mm	37mm
油管内径/mm	62	地层传热系数[W/(m·℃)]	1.73
油管外径/mm	73	产气量/(m³/d)	300000
套管内径/mm	166	井底压力/MPa	28
套管外径/mm	177.8	井底温度/℃	97.4

根据表 3-1 和表 3-2 计算井筒压力和温度，并与 Pipesim 计算进行对比发现，两者计算的井筒压力分布都近似呈现线性分布，本书模型计算的井筒压力与 Pipesim 计算的基本保持一致，本书模型计算的压力在靠近井口处比 Pipesim 计算的大一些，其中在井口处压力最大，分别为 19.118MPa 与 18.899MPa（图 3-5）。本书模型计算的井筒温度与软件计算吻合度较高，在靠近井口处本书模型计算的井筒温度比 Pipesim 计算的大一些，其中井口处温度分别为 51.767℃、51.020℃（图 3-6）。考虑到本书模型计算使用的耦合方法以及一些参数取值与商业软件的差异，会出现计算的偏差，因此本书模型可以用于耦合计算井筒温度、压力。

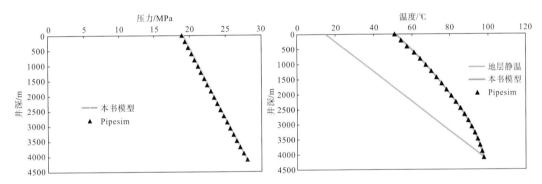

图 3-5　本书模型与 Pipesim 计算的井筒压力对比　　图 3-6　本书模型与 Pipesim 计算的井筒温度对比

为了验证硫析出对于井筒温度压力的分布的影响，根据模型之前的假设，假设井筒流体已经饱和了元素硫，在本例中假设开始流体中溶解的硫为 30g/m³。表 3-3 是该井按照单相流和硫析出所形成的两相流所计算的井筒温度、压力的对比。

表 3-3　气-固两相井筒温度计算对比

井深/m	单相流		气-固两相流	
	压力/MPa	温度/℃	压力/MPa	温度/℃
0	19.118	51.767	19.116	51.760
500	20.180	59.642	20.178	59.636
1000	21.246	67.048	21.244	67.044
1500	22.316	73.920	22.314	73.916
2000	23.391	80.177	23.390	80.174
2500	24.473	85.729	24.473	85.727
3000	25.564	90.470	25.563	90.469
3500	26.664	94.277	26.664	94.277
4000	27.776	97.008	27.776	97.008

从表 3-3 可以看出，在假设从井底就开始析出硫的情况下，气-固两相流计算的井筒温度、压力与单相流相差并不大，气-固两相流的井筒压力比单相流的井筒压力稍小一些，井筒温度也是两相流比单相流计算的低。通过分析可以知道，在气-固两相流的情况下，固态硫的存在使得井筒中气体在向上举升的时候有更多的能量损失和热量损失，但是当析出的硫很少时，其损失的能量和热量就很小，甚至可以忽略不计。

本例计算的气-固两相流对应的流体参数沿井筒的分布见图 3-7～图 3-11。

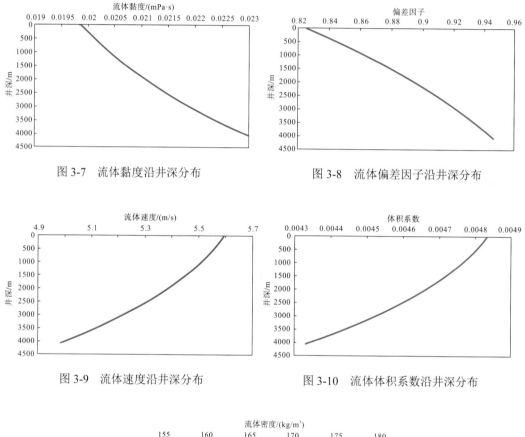

图 3-7 流体黏度沿井深分布   图 3-8 流体偏差因子沿井深分布

图 3-9 流体速度沿井深分布   图 3-10 流体体积系数沿井深分布

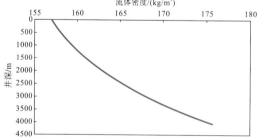

图 3-11 流体密度沿井深分布

第4章 高含硫气藏气-固硫与气-水-液硫渗流数学模型及求解方法

4.1 高含硫气藏的几何模型

高含硫气藏多为裂缝-孔隙型，或由于物性参数太差需要进行人工压裂才能生产。描述高含硫气藏的几何模型，宜采用双重结构的形式：基质系统和裂缝系统。双重结构在描述油气藏模型时，认为一个基质岩块被无数形状与尺寸不一的裂缝分割成小块，如图4-1(a)所示。其中基质岩块是流体在储层中的主要储集空间，具有较高的储存能力，但是渗透性较差，而相比于基质岩块，裂缝系统则是主要的流动通道，其渗透能力强，但是储存能力差，在实际的裂缝-孔隙双重结构的油气藏中，裂缝与基质岩块在空间的分布是杂乱无章的，为了方便研究必须对该结构进行简化，常见的简化有 Warren-Root 模型、Kazemi 模型、De Swaan 模型、Factal 模型等，如图4-1(b)所示。

Warren-Root 模型将双重介质油气藏简化为正交裂缝切割基质岩块的形式，从而将地质模型简化为六面体，并且裂缝方向与主渗透率的方向一致，是目前最常使用的简化模型。从 Warren-Root 模型的特征来看，裂缝系统与基质系统孔渗相差很大，储层中的压力波传播速度有很大差异，因此在同一空间形成了两套相互独立却又相互联系的水动力场，其联系采用"窜流项"来描述，认为基质系统和裂缝系统存在压力差，在压力差的作用下，基质系统的流体进入裂缝系统。即在建立双重介质的渗流方程时，裂缝与基质有各自的流动方程，并通过"窜流项"将裂缝和基质的流动方程联系起来。高含硫气藏多为裂缝-孔隙型，或由于物性参数太差需要进行人工压裂才能生产。

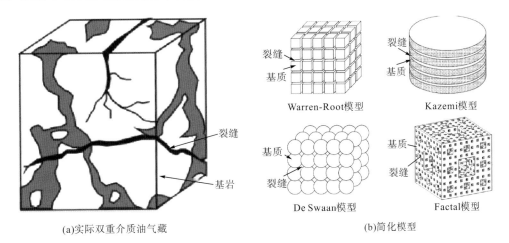

(a)实际双重介质油气藏　　　　　　　　(b)简化模型

图 4-1　实际双重介质油气藏与简化模型

4.2 高含硫气藏气-固渗流数学模型的建立

4.2.1 模型假设条件

为了能够描述高含硫气藏硫的析出运移沉积特征，必须对模型做一些合理假设。主要有以下的几个假设：

(1) 储层温度恒定，并且低于元素硫在储层压力条件下的凝固点，即析出的硫为固态；

(2) 不考虑化学溶解析出的硫以及因此而造成的 H_2S 含量的变化；

(3) 初始条件下元素硫处于溶解平衡状态；

(4) 析出的硫微粒为圆球形，并且直径小于孔喉，即硫微粒能够通过孔喉；忽略硫微粒间以及颗粒与孔隙壁面的碰撞；

(5) 析出的硫为稳定的斜方硫 S_8；

(6) 岩石微可压缩，不考虑水的影响，气体流动符合达西定律；

(7) 忽略重力和毛管力的影响。

4.2.2 连续性方程

高含硫气藏的连续性方程包括气相方程和固相方程，其中气相方程满足达西流动，这里重点介绍固相方程。

在储层取一单元空间，那么硫在高含硫混合气体中的存在形式有三种：溶解在气体中，其潜在的变化形式是析出；析出后悬浮在气体中，其潜在的变化形式是随气体运移；析出后沉积在储层中。这三者的质量之和就是元素硫的总量，满足质量守恒。因此可以分别来表示这三部分硫的连续性方程，最后进行相加就可以得到元素硫在储层单元空间内的连续性方程。

对于溶解在天然气中的元素硫，其与气体具有相同的速度，那么在 Δt 内进入单元体的硫质量为

$$M_1 = \left(u_{g,t,x} \Delta y \Delta z \Delta t + u_{g,t,y} \Delta x \Delta z \Delta t + u_{g,t,z} \Delta y \Delta x \Delta t \right) \rho_s \tag{4-1}$$

流出的硫质量为

$$M_2 = \left(u_{g,t,x+\Delta x} \Delta y \Delta z \Delta t + u_{g,t,y+\Delta y} \Delta x \Delta z \Delta t + u_{g,t,z+\Delta z} \Delta y \Delta x \Delta t \right) \rho_s \tag{4-2}$$

在 Δt 内溶解硫的变化量为

$$\Delta M = \Delta x \Delta y \Delta z S_g \varphi \rho_s \left(C_{s,t} - C_{s,t+\Delta t} \right) \tag{4-3}$$

假设在单位时间内析出的硫的质量为 q_{rs}，那么有

$$\Delta M = M_1 - M_2 - q_{rs} \tag{4-4}$$

将式(4-1)、式(4-2)、式(4-3)代入式(4-4)中，可以得到溶解的元素硫的连续性方程：

$$\frac{\partial u_{\mathrm{g}}}{\partial x} + \frac{\partial u_{\mathrm{g}}}{\partial y} + \frac{\partial u_{\mathrm{g}}}{\partial z} - \frac{q_{\mathrm{rs}}}{V_{\mathrm{p}}\rho_{\mathrm{s}}} = \frac{\partial\left(S_{\mathrm{g}}C_{\mathrm{s}}\right)}{\partial t}\varphi \tag{4-5}$$

同理可以得到悬浮硫的连续性方程：

$$\frac{\partial u_{\mathrm{s}}}{\partial x} + \frac{\partial u_{\mathrm{s}}}{\partial y} + \frac{\partial u_{\mathrm{s}}}{\partial z} + \frac{q_{\mathrm{rs}}}{V_{\mathrm{p}}\rho_{\mathrm{s}}} - \frac{q_{\mathrm{as}}}{V_{\mathrm{p}}\rho_{\mathrm{s}}} = \frac{\partial\left(S_{\mathrm{g}}C_{\mathrm{s}}'\right)}{\partial t}\varphi \tag{4-6}$$

吸附的沉积硫的连续性方程：

$$\frac{q_{\mathrm{as}}}{V_{\mathrm{p}}\rho_{\mathrm{s}}} = \frac{\partial S_{\mathrm{s}}}{\partial t}\varphi \tag{4-7}$$

式中，ρ_{s}——固相密度，$\mathrm{kg/m^3}$；

$\quad\quad u_{\mathrm{g}}$——气体运动速度，$\mathrm{m/s}$；

$\quad\quad S_{\mathrm{g}}$——含气饱和度；

$\quad\quad S_{\mathrm{s}}$——含硫饱和度；

$\quad\quad V_{\mathrm{p}}$——单元体体积，$\mathrm{m^3}$；

$\quad\quad u_{\mathrm{s}}$——硫微粒运动的速度，$\mathrm{m/s}$。

$\quad\quad C_{\mathrm{s}}$——溶解硫的体积分数；

$\quad\quad C_{\mathrm{s}}'$——悬浮硫的体积分数；

$\quad\quad q_{\mathrm{rs}}$——单位时间内析出的硫的质量，$\mathrm{kg/s}$；

$\quad\quad q_{\mathrm{as}}$——单位时间内吸附的沉积硫的质量，$\mathrm{kg/s}$。

将式(4-5)、式(4-6)、式(4-7)相加，得到气藏中硫的连续性方程，并加入源汇项，可以得到：

$$\nabla\cdot\left(\frac{K}{\mu_{\mathrm{g}}}\nabla p\right) + \nabla\cdot\left(u_{\mathrm{s}}\right) = \frac{\partial\left[\left(S_{\mathrm{g}}C_{\mathrm{s}} + S_{\mathrm{g}}C_{\mathrm{s}}' + S_{\mathrm{s}}\right)\varphi\right]}{\partial t} + \frac{q_{\mathrm{s}}}{V_{\mathrm{p}}\rho_{\mathrm{s}}} \tag{4-8}$$

式中，K——有效渗透率，$10^{-3}\mu\mathrm{m^2}$；

$\quad\quad \mu_{\mathrm{g}}$——气体黏度，$\mathrm{mPa\cdot s}$；

$\quad\quad q_{\mathrm{s}}$——固相源汇项，$\mathrm{kg/s}$。

式(4-8)就是气藏中硫的连续性方程，将该方程与气相方程组合起来，并分别表示成裂缝系统和基质系统的连续性方程，就可以得到高含硫气藏气固相的基本渗流方程。

1.裂缝系统

气相连续性方程：

$$\nabla\cdot\left(\frac{\rho_{\mathrm{gf}}K_{\mathrm{f}}}{\mu_{\mathrm{gf}}}\nabla p_{\mathrm{f}}\right) = \frac{\partial\left(\varphi_{\mathrm{f}}S_{\mathrm{gf}}\rho_{\mathrm{sf}}\right)}{\partial t} + \frac{q_{\mathrm{g}}}{V_{\mathrm{p}}} - \rho_{\mathrm{gm}}q_{\mathrm{gmf}} \tag{4-9}$$

固相连续性方程：

$$\nabla\cdot\left(\frac{K_{\mathrm{f}}}{\mu_{\mathrm{gf}}}\nabla p_{\mathrm{f}}\right) + \nabla\cdot\left(u_{\mathrm{sf}}\right) = \frac{\partial\left[\left(S_{\mathrm{gf}}C_{\mathrm{gf}} + S_{\mathrm{gf}}C_{\mathrm{sf}}' + S_{\mathrm{sf}}\right)\varphi_{\mathrm{f}}\right]}{\partial t} + \frac{q_{\mathrm{s}}}{V_{\mathrm{p}}\rho_{\mathrm{s}}} - q_{\mathrm{smf}} \tag{4-10}$$

2.基质系统

气相连续性方程：

$$\nabla \cdot \left(\frac{\rho_{gm} K_m}{\mu_{gm}} \nabla p_m \right) = \frac{\partial \left(\varphi_m S_{gm} \rho_{sm} \right)}{\partial t} + \rho_{gm} q_{gmf} \tag{4-11}$$

固相连续性方程：

$$\nabla \cdot \left(\frac{K_m}{\mu_{gm}} \nabla p_m \right) + \nabla \cdot \left(u_{sm} \right) = \frac{\partial \left[\left(S_{gm} C_{sm} + S_{gm} C'_{sm} + S_{sm} \right) \varphi_m \right]}{\partial t} + q_{smf} \tag{4-12}$$

式中，下标 m——基质系统；

下标 f——裂缝系统；

ρ_g——气体密度，kg/m^3；

K——有效渗透率，$10^{-3}\mu m^2$；

φ——有效孔隙度；

q_g——气体源汇项，kg/s；

q_s——固相源汇项，kg/s；

q_{gmf}——基质与裂缝之间气相的窜流项，s^{-1}；

q_{smf}——基质与裂缝之间固相的交换项，s^{-1}；

窜流项 q_{gmf} 和交换项 q_{smf} 可以通过基质压力与裂缝压力之间的压力差来表示，表达式如下：

$$q_{gmf} = \alpha \left(\frac{K_m}{\mu_{gm}} \right) \left(p_m - p_f \right) \tag{4-13}$$

$$q_{smf} = \alpha \left(\frac{K_m}{\mu_{gm}} \right) \left(p_m - p_f \right) C_s \tag{4-14}$$

α 为形状因子，用来表示基质-裂缝之间的连通程度，与基质岩块的几何形状、裂缝的密集程度有关，常用的计算方法有 Warren-Root 方法：

$$\alpha = \frac{4n(n+2)}{l^2} \tag{4-15}$$

式中，n——正交的裂缝组数；

l——基质块特征长度，m。

或者采用 Kazemi 方法，该方法是在 Warren-Root 方法基础上提出的三维模型形状因子计算方法：

$$\alpha = 4 \left(\frac{1}{L_x^2} + \frac{1}{L_y^2} + \frac{1}{L_x^2} \right) \tag{4-16}$$

式中，L_x、L_y、L_z——x、y、z 方向的网格尺寸大小，m。

4.2.3　元素硫析出量计算模型

元素硫析出过程是元素硫在气体中饱和度降低造成的，在生产过程中，表现为储层压力下降，溶解度也相应减小。由模型假设条件，初始状态硫处于饱和状态，一旦压力降低，就会有硫析出。

对于单元体，假设在 t_1 时刻元素硫的溶解度为 C_{r1}，在 t_2 时刻元素硫的溶解度降低到 C_{r2}，假设 t_1 到 t_2 时间段内单元体温度不发生变化，那么析出的元素硫就可以表示为

$$\Delta M_s = \Delta x \Delta y \Delta z \varphi S_g \left(C_{r1} - C_{r2} \right) \tag{4-17}$$

将硫溶解度模型代入式(4-17)，可以得到硫析出量为

$$\Delta M_m = \Delta x \Delta y \Delta z \varphi S_g \left(\rho_{g,1}^k - \rho_{g,2}^k \right) \exp\left(\frac{A}{T} + B \right) \tag{4-18}$$

式中，S_g——气体饱和度；

k、A、B——常数。

4.2.4　硫微粒的运移模型

假定同一单元体内硫微粒具有相同的速度，而忽略硫微粒在气流中的碰撞，由颗粒动力学的知识，可以计算硫微粒在气流中的运移速度：

$$u_s = \sqrt{\frac{a}{b}} \left[\frac{1 + e^{4t\sqrt{ab}}}{1 - e^{4t\sqrt{ab}}} + 2\sqrt{\left(\frac{1 + e^{4t\sqrt{ab}}}{1 - e^{4t\sqrt{ab}}} \right)^2 - 1} \right] \tag{4-19}$$

其中，

$$a = \frac{\rho C_D \pi r_p^2}{2m_p} \tag{4-20}$$

$$b = \frac{V_p}{m_p} \frac{\partial p}{\partial x} \tag{4-21}$$

式中，ρ——气体与硫微粒混合物的密度，kg/m^3；

C_D——阻力系数；

r_p——硫微粒直径，m；

V_p——孔隙体积，m^3；

m_p——硫微粒的质量，kg。

4.2.5　硫微粒沉降模型

硫微粒是否沉降的临界气体速度 $u_{g,s}$ 为

$$u_{g,s} = \sqrt[3]{\frac{mDu_{mg}}{\varphi \left(\lambda_g + m\varphi\lambda_m \right)}} \tag{4-22}$$

因此，当气流速度 $u_{g} \geqslant u_{g,s}$ 时，硫颗粒就可以在气流中悬浮运移；当 $u_{g} < u_{g,s}$ 时，硫颗粒就会沉降在孔隙中。

4.2.6　硫微粒吸附模型

Ali-Islam 固-固吸附模型中，硫微粒的吸附模型可以表示为

$$n_{s}' = \frac{m_{s} x_{s} S}{S x_{s} + (m_{s}/m_{g}) x_{g}} \tag{4-23}$$

式中，x_{s}——混合体系中固相的质量分数；

　　　x_{g}——混合体系中气相的质量分数；

　　　m_{s}——硫微粒在吸附层中单位质量的质量数；

　　　m_{g}——气相在吸附层中单位质量的质量数；

　　　S——选择性系数。

4.2.7　孔渗伤害模型

硫沉积的孔渗伤害模型为

$$\varphi' = \varphi - \Delta\varphi = \frac{V_{\varphi} - V_{s}}{V} \times 100\% \tag{4-24}$$

$$K = K_{0} \left(\frac{\varphi'}{\varphi} \right)^{3} \left(\frac{1-\varphi}{1-\varphi'} \right)^{2} \tag{4-25}$$

式中，φ'——硫沉积后的孔隙度；

　　　φ——原始孔隙度；

　　　K——硫沉积后的渗透率，μm^{2}；

　　　K_{0}——原始渗透率，μm^{2}；

　　　V_{s}——沉积的硫的体积，m^{3}；

　　　V_{φ}——原孔隙体积，m^{3}。

4.2.8　模型辅助方程

饱和度关系：$\begin{cases} S_{gf} + S_{sf} = 1 \\ S_{gm} + S_{sm} = 1 \end{cases}$

气体密度：$\rho_{g} = \rho_{g} \left[p, T, Z_{i} (i = 1, 2, \cdots, n+1) \right]$

气体黏度：$\mu_{g} = \mu_{g} \left[p, T, Z_{i} (i = 1, 2, \cdots, n+1) \right]$

4.2.9　模型的边界条件

油气藏数学模型的边界条件包括外边界条件和内边界条件。

1.外边界条件

外边界条件是油气藏的几何边界所在处的状态,一般可以分为定压外边界和定流量外边界。

1)定压外边界

定压外边界,顾名思义,就是油气藏的外边界压力不随时间变化,表达式为

$$p_G = \text{const.} \tag{4-26}$$

2)定流量外边界

油气藏的外边界的流体流量不随时间发生变化:

$$\left. \frac{\partial \Phi}{\partial n} \right|_G = \text{const.} \tag{4-27}$$

式中,下标 G——外边界;

Φ——流体的势。

当 $\left. \frac{\partial \Phi}{\partial n} \right|_G = 0$ 时,即为常见的封闭外边界。

2.内边界条件

内边界条件主要是指井的工作制度,一般分为定产量生产和定井底压力生产。

1)定产量内边界

生产井在模拟计算中的产量作为已知条件,可以表示为

$$q|_{r=r_w} = \text{const.} \tag{4-28}$$

2)定压力内边界

生产井在模拟计算中的井底压力作为已知条件,可以表示为

$$p|_{r=r_w} = \text{const.} \tag{4-29}$$

4.2.10　初始条件

模型的初始条件是指在给定模拟的初始时刻,即 $t=0$ 时,油气藏在空间上每个点的参数,通常包括压力、饱和度的分布情况。

在初始时刻,储层压力保持平衡,均等于 p_0,即

$$p(x,y,z,t)|_{t=0} = p_0 \tag{4-30}$$

对于饱和度,开始时流体以液相为主,没有硫沉积现象,因此初始饱和度为

$$\begin{cases} S_{gf} = 1; S_{sf} = 0 \\ S_{gm} = 1; S_{sm} = 0 \end{cases} \tag{4-31}$$

这样就得到了高含硫气藏气-固相双重介质的完整模型。

4.3   高含硫气藏气-固渗流数学模型的数值求解

对于模型的求解，首先是对于裂缝系统和基质系统的连续性方程进行数值求解，因此就必须进行差分计算。

4.3.1   流动方程的离散化

对流动方程的离散化就是采用差分的形式求解偏微分方程，采用差商来代替偏导数，从而实现了降阶处理，并在求解区域内的有限网格中形成相应的代数方程组。差分离散化以后采用"隐压显饱"法进行求解：先隐式求解压力方程，再显式求解饱和度方程。

对气相、固相连续性方程进行差分离散化处理，并用 $p^{n+1} = p^n + \Delta p$ 来表示时间步之间的压力变化，那么就有下面的差分方程。

裂缝气相差分方程：

$$
\begin{aligned}
& T_{\mathrm{f},i+\frac{1}{2}}\Delta p_{\mathrm{f},i+1} + T_{\mathrm{f},i-\frac{1}{2}}\Delta p_{\mathrm{f},i-1} + T_{\mathrm{f},j+\frac{1}{2}}\Delta p_{\mathrm{f},j+1} + T_{\mathrm{f},j-\frac{1}{2}}\Delta p_{\mathrm{f},j-1} + T_{\mathrm{f},k+\frac{1}{2}}\Delta p_{\mathrm{f},k+1} + T_{\mathrm{f},k-\frac{1}{2}}\Delta p_{\mathrm{f},k} \\
& - \left[\left(T_{\mathrm{f},i+\frac{1}{2}} + T_{\mathrm{f},i-\frac{1}{2}} \right)\Delta p_{\mathrm{f},i} + \left(T_{\mathrm{f},j+\frac{1}{2}} + T_{\mathrm{f},j-\frac{1}{2}} \right)\Delta p_{\mathrm{f},j} + \left(T_{\mathrm{f},k+\frac{1}{2}} + T_{\mathrm{f},k-\frac{1}{2}} \right)\Delta p_{\mathrm{f},k} \right] \\
& + \left[T_{\mathrm{f},i+\frac{1}{2}}\left(p^n_{\mathrm{f},i+1} - p^n_{\mathrm{f},i} \right) + T_{\mathrm{f},i-\frac{1}{2}}\left(p^n_{\mathrm{f},i-1} - p^n_{\mathrm{f},i} \right) + T_{\mathrm{f},j+\frac{1}{2}}\left(p^n_{\mathrm{f},j+1} - p^n_{\mathrm{f},j} \right) \right. \\
& \left. + T_{\mathrm{f},j-\frac{1}{2}}\left(p^n_{\mathrm{f},j-1} - p^n_{\mathrm{f},j} \right) - T_{\mathrm{f},k+\frac{1}{2}}\left(p^n_{\mathrm{f},k+1} - p^n_{\mathrm{f},k} \right) + T_{\mathrm{f},k-\frac{1}{2}}\left(p^n_{\mathrm{f},k-1} - p^n_{\mathrm{f},k} \right) \right] \\
& = \frac{V_{\mathrm{p}}}{\Delta t}\left(\varphi_{\mathrm{f}}\rho^n_{\mathrm{gf}}\Delta S_{\mathrm{gf}} + S^n_{\mathrm{gf}}\varphi_{\mathrm{f}}\frac{\partial \rho_{\mathrm{gf}}}{\partial p_{\mathrm{f}}}\Delta p_{\mathrm{f}} \right) + q_{\mathrm{g}} - \rho_{\mathrm{gm}}V_{\mathrm{p}}q_{\mathrm{gmf}}
\end{aligned}
\tag{4-32}
$$

裂缝固相差分方程为：

$$
\begin{aligned}
& \left(T_{\mathrm{sf},i+\frac{1}{2}}\Delta p_{\mathrm{f},i+1} + T_{\mathrm{sf},i-\frac{1}{2}}\Delta p_{\mathrm{f},i-1} + T_{\mathrm{sf},j+\frac{1}{2}}\Delta p_{\mathrm{f},j+1} + T_{\mathrm{sf},j-\frac{1}{2}}\Delta p_{\mathrm{f},j-1} + T_{\mathrm{sf},k+\frac{1}{2}}\Delta p_{\mathrm{f},k+1} + T_{\mathrm{sf},k-\frac{1}{2}}\Delta p_{\mathrm{f},k} \right) \\
& - \left[\left(T_{\mathrm{sf},i+\frac{1}{2}} + T_{\mathrm{sf},i-\frac{1}{2}} \right)\Delta p_{\mathrm{f},i} + \left(T_{\mathrm{sf},j+\frac{1}{2}} + T_{\mathrm{sf},j-\frac{1}{2}} \right)\Delta p_{\mathrm{f},j} + \left(T_{\mathrm{sf},k+\frac{1}{2}} + T_{\mathrm{sf},k-\frac{1}{2}} \right)\Delta p_{\mathrm{f},k} \right] \\
& + \left[T_{\mathrm{sf},i+\frac{1}{2}}\left(p^n_{\mathrm{f},i+1} - p^n_{\mathrm{f},i} \right) + T_{\mathrm{sf},i-\frac{1}{2}}\left(p^n_{\mathrm{f},i-1} - p^n_{\mathrm{f},i} \right) + T_{\mathrm{sf},j+\frac{1}{2}}\left(p^n_{\mathrm{f},j+1} - p^n_{\mathrm{f},j} \right) \right. \\
& \left. + T_{\mathrm{sf},j-\frac{1}{2}}\left(p^n_{\mathrm{f},j-1} - p^n_{\mathrm{f},j} \right) + T_{\mathrm{sf},k+\frac{1}{2}}\left(p^n_{\mathrm{f},k+1} - p^n_{\mathrm{f},k} \right) + T_{\mathrm{sf},k-\frac{1}{2}}\left(p^n_{\mathrm{f},k-1} - p^n_{\mathrm{f},k} \right) \right] \\
& + f_i\left(u^n_{\mathrm{sf},i+1} - u^n_{\mathrm{sf},i} \right) + f_j\left(u^n_{\mathrm{sf},j+1} - u^n_{\mathrm{sf},j} \right) + f_k\left(u^n_{\mathrm{sf},k+1} - u^n_{\mathrm{sf},k} \right) \\
& = \frac{V_{\mathrm{p}}}{\Delta t}\left(\varphi_{\mathrm{f}}S^n_{\mathrm{gf}}\frac{\partial C_{\mathrm{sf}}}{\partial p_{\mathrm{f}}}\Delta p_{\mathrm{f}} + C^n_{\mathrm{sf}}\varphi_{\mathrm{f}}\Delta S_{\mathrm{gf}} + \varphi_{\mathrm{f}}S^n_{\mathrm{gf}}\frac{\partial C'_{\mathrm{sf}}}{\partial p_{\mathrm{f}}}\Delta p_{\mathrm{f}} + \varphi_{\mathrm{f}}C'^n_{\mathrm{sf}}\Delta S_{\mathrm{sf}} + \varphi_{\mathrm{f}}\Delta_{\mathrm{sf}} \right) + \frac{q_{\mathrm{s}}}{\rho_{\mathrm{s}}} - V_{\mathrm{p}}q_{\mathrm{smf}}
\end{aligned}
\tag{4-33}
$$

式中，

$$
T_{i\pm\frac{1}{2}} = F_{i\pm\frac{1}{2}}\left(\rho_{\mathrm{g}}\lambda_{\mathrm{g}} \right), \quad T_{j\pm\frac{1}{2}} = F_{j\pm\frac{1}{2}}\left(\rho_{\mathrm{g}}\lambda_{\mathrm{g}} \right), \quad T_{k+\frac{1}{2}} = F_{k\pm\frac{1}{2}}\left(\rho_{\mathrm{g}}\lambda_{\mathrm{g}} \right)
$$

$$T_{s,i\pm\frac{1}{2}} = F_{i\pm\frac{1}{2}}\left(\lambda_{\mathrm{g}}\right), \quad T_{s,j+\frac{1}{2}} = F_{j\pm\frac{1}{2}}\left(\lambda_{\mathrm{g}}\right), \quad T_{s,k\pm\frac{1}{2}} = F_{k\pm\frac{1}{2}}\left(\lambda_{\mathrm{g}}\right)$$

$$F_{i\pm\frac{1}{2}} = \frac{\Delta y_j \Delta z_k}{\Delta x_{i\pm\frac{1}{2}}}, \quad F_{j\pm\frac{1}{2}} = \frac{\Delta x_i \Delta z_k}{\Delta y_{j\pm\frac{1}{2}}}, \quad F_{k=\frac{1}{2}} = \frac{\Delta x_i \Delta y_j}{\Delta z_{k\pm\frac{1}{2}}}$$

$$f_i = \Delta y_j \Delta z_k, \quad f_j = \Delta x_i \Delta z_k, \quad f_k = \Delta x_i \Delta y_j$$

$$\lambda_{\mathrm{g}} = \frac{K}{\mu_{\mathrm{g}}}$$

同理，基质气相差分方程：

$$
\begin{aligned}
& T_{\mathrm{m},i+\frac{1}{2}}\Delta p_{\mathrm{m},i+1} + T_{\mathrm{m},i-\frac{1}{2}}\Delta p_{\mathrm{m},i-1} + T_{\mathrm{m},j+\frac{1}{2}}\Delta p_{\mathrm{m},j+1} + T_{\mathrm{m},j-\frac{1}{2}}\Delta p_{\mathrm{m},j-1} + T_{\mathrm{m},k+\frac{1}{2}}\Delta p_{\mathrm{m},k+1} + T_{\mathrm{m},k-\frac{1}{2}}\Delta p_{\mathrm{m},k-1} \\
& - \left[\left(T_{\mathrm{m},i+\frac{1}{2}} + T_{\mathrm{m},i-\frac{1}{2}}\right)\Delta p_{\mathrm{m},i} + \left(T_{\mathrm{m},j+\frac{1}{2}} + T_{\mathrm{m},j-\frac{1}{2}}\right)\Delta p_{\mathrm{m},j} + \left(T_{\mathrm{m},k+\frac{1}{2}} + T_{\mathrm{m},k-\frac{1}{2}}\right)\Delta p_{\mathrm{m},k}\right] \\
& + \left[T_{\mathrm{m},i+\frac{1}{2}}\left(p_{\mathrm{m},j+1}^n - p_{\mathrm{m},i}^n\right) + T_{\mathrm{m},i-\frac{1}{2}}\left(p_{\mathrm{m},i-1}^n - p_{\mathrm{m},i}^n\right) + T_{\mathrm{m},j+\frac{1}{2}}\left(p_{\mathrm{m},j+1}^n - p_{\mathrm{m},j}^n\right)\right. \\
& \left. + T_{\mathrm{m},j-\frac{1}{2}}\left(p_{\mathrm{m},j-1}^n - p_{\mathrm{m},j}^n\right) - T_{\mathrm{m},k+\frac{1}{2}}\left(p_{\mathrm{m},k+1}^n - p_{\mathrm{m},k}^n\right) + T_{\mathrm{m},k-\frac{1}{2}}\left(p_{\mathrm{m},k-1}^n - p_{\mathrm{m},k}^n\right)\right] \\
& = \frac{V_{\mathrm{p}}}{\Delta t}\left(\varphi_{\mathrm{m}}\rho_{\mathrm{gm}}^n \Delta S_{\mathrm{gm}} + S_{\mathrm{gm}}^m \varphi_{\mathrm{m}}\frac{\partial \rho_{\mathrm{gm}}}{\partial p_{\mathrm{m}}}\Delta p_{\mathrm{m}}\right) + V_{\mathrm{p}}\rho_{\mathrm{gm}}q_{\mathrm{gmf}}
\end{aligned}
\tag{4-34}
$$

基质固相差分方程：

$$
\begin{aligned}
& \left(T_{\mathrm{sm},i+\frac{1}{2}}\Delta p_{\mathrm{m},i+1} + T_{\mathrm{sm},i-\frac{1}{2}}\Delta p_{\mathrm{m},i-1} + T_{\mathrm{sm},j+\frac{1}{2}}\Delta p_{\mathrm{m},j+1} + T_{\mathrm{sm},j-\frac{1}{2}}\Delta p_{\mathrm{m},j-1} + T_{\mathrm{sm},k+\frac{1}{2}}\Delta p_{\mathrm{m},k+1} + T_{\mathrm{sm},k-\frac{1}{2}}\Delta p_{\mathrm{m},k-1}\right) \\
& - \left[\left(T_{\mathrm{sm},i+\frac{1}{2}} + T_{\mathrm{sm},i-\frac{1}{2}}\right)\Delta p_{\mathrm{m},i} + \left(T_{\mathrm{sm},j+\frac{1}{2}} + T_{\mathrm{sm},j-\frac{1}{2}}\right)\Delta p_{\mathrm{m},j} + \left(T_{\mathrm{sm},k+\frac{1}{2}} + T_{\mathrm{sm},k-\frac{1}{2}}\right)\Delta p_{\mathrm{m},k}\right] \\
& + \left[T_{\mathrm{sm},i+\frac{1}{2}}\left(p_{\mathrm{m},i+1}^n - p_{\mathrm{m},i}^n\right) + T_{\mathrm{sm},i-\frac{1}{2}}\left(p_{\mathrm{m},i-1}^n - p_{\mathrm{m},i}^n\right) + T_{\mathrm{sm},j+\frac{1}{2}}\left(p_{\mathrm{m},j+1}^n - p_{\mathrm{m},j}^n\right)\right. \\
& \left. + T_{\mathrm{sm},j-\frac{1}{2}}\left(p_{\mathrm{m},j-1}^n - p_{\mathrm{m},j}^n\right) + T_{\mathrm{sm},k+\frac{1}{2}}\left(p_{\mathrm{m},k+1}^n - p_{\mathrm{m},k}^n\right) + T_{\mathrm{sm},k-\frac{1}{2}}\left(p_{\mathrm{m},k-1}^n - p_{\mathrm{m},k}^n\right)\right] \\
& + f_i\left(u_{\mathrm{sm},i+1}^n - u_{\mathrm{sm},i}^n\right) + f_j\left(u_{\mathrm{sm},j+1}^n - u_{\mathrm{sm},j}^n\right) + f_k\left(u_{\mathrm{sm},k+1}^n - u_{\mathrm{sm},k}^n\right) \\
& = \frac{V_{\mathrm{p}}}{\Delta t}\left(\varphi_{\mathrm{m}}S_{\mathrm{gm}}^n\frac{\partial C_{\mathrm{sm}}}{\partial p_{\mathrm{m}}}\Delta p_{\mathrm{m}} + C_{\mathrm{sm}}^n\varphi_{\mathrm{m}}\Delta S_{\mathrm{gm}} + \varphi_{\mathrm{m}}S_{\mathrm{gm}}^n\frac{\partial C_{\mathrm{sm}}'}{\partial p_{\mathrm{m}}}\Delta p_{\mathrm{m}} + \varphi_{\mathrm{m}}C_{\mathrm{sm}}'^n\Delta S_{\mathrm{gm}} + \varphi_{\mathrm{m}}\Delta S_{\mathrm{sm}}\right) + V_{\mathrm{p}}q_{\mathrm{smf}}
\end{aligned}
\tag{4-35}
$$

为了求解压力，需要消去其中的饱和度项，可以令 $B_{\mathrm{f}} = \dfrac{\rho_{\mathrm{gf}}^n}{1 - C_{\mathrm{sf}}^n - C_{\mathrm{sf}}'^n}$，用裂缝硫差分方程 (4-33) 两端同乘以 B_{f}，加上裂缝气相差分方程 (4-32)，可以得到裂缝系统只有 Δp_{f} 的方程：

$$
\begin{aligned}
& \left(B_{\mathrm{f}}T_{\mathrm{sf},i+\frac{1}{2}} + T_{\mathrm{f},i+\frac{1}{2}}\right)\Delta p_{\mathrm{f},i+1} + \left(B_{\mathrm{f}}T_{\mathrm{sf},i-\frac{1}{2}} + T_{\mathrm{f},i-\frac{1}{2}}\right)\Delta p_{\mathrm{f},i-1} + \left(B_{\mathrm{f}}T_{\mathrm{sf},j+\frac{1}{2}} + T_{\mathrm{f},j+\frac{1}{2}}\right)\Delta p_{\mathrm{f},j+1} \\
& + \left(B_{\mathrm{f}}T_{\mathrm{sf},j-\frac{1}{2}} + T_{\mathrm{f},j-\frac{1}{2}}\right)\Delta p_{\mathrm{f},j-1} + \left(B_{\mathrm{f}}T_{\mathrm{sf},k+\frac{1}{2}} + T_{\mathrm{f},k+\frac{1}{2}}\right)\Delta p_{\mathrm{f},k+1} + \left(B_{\mathrm{f}}T_{\mathrm{sf},k-\frac{1}{2}} + T_{\mathrm{f},k-\frac{1}{2}}\right)\Delta p_{\mathrm{f},k-1} \\
& - \left[\left(B_{\mathrm{f}}T_{\mathrm{sf},i+\frac{1}{2}} + T_{\mathrm{f},i+\frac{1}{2}}\right) + \left(B_{\mathrm{f}}T_{\mathrm{sf},i-\frac{1}{2}} + T_{\mathrm{f},i-\frac{1}{2}}\right) + \left(B_{\mathrm{f}}T_{\mathrm{sf},j+\frac{1}{2}} + T_{\mathrm{f},j+\frac{1}{2}}\right) + \left(B_{\mathrm{f}}T_{\mathrm{sf},j-\frac{1}{2}} + T_{\mathrm{f},j-\frac{1}{2}}\right)\right.
\end{aligned}
$$

$$+\left(B_{\mathrm{f}}T_{\mathrm{sf},k+\frac{1}{2}}+T_{\mathrm{f},k+\frac{1}{2}}\right)+\left(B_{\mathrm{f}}T_{\mathrm{sf},k-\frac{1}{2}}+T_{\mathrm{f},k-\frac{1}{2}}\right)+B_{\mathrm{f}}\frac{V_{\mathrm{p}}}{\Delta t}\left(\varphi_{\mathrm{f}}S_{\mathrm{gf}}^{n}\frac{\partial C_{\mathrm{sf}}}{\partial p_{\mathrm{f}}}+\varphi_{\mathrm{f}}S_{\mathrm{gf}}^{n}\frac{\partial C_{\mathrm{sf}}'}{\partial p_{\mathrm{f}}}\right)+S_{\mathrm{gf}}^{n}\varphi_{\mathrm{f}}\frac{\partial\rho_{\mathrm{gf}}}{\partial p_{\mathrm{f}}}\frac{V_{\mathrm{p}}}{\Delta t}\right]\Delta p_{\mathrm{f}}$$

$$+B_{\mathrm{f}}\left[f_{i}\left(u_{\mathrm{sf},i+1}^{n}-u_{\mathrm{sf},i}^{n}\right)+f_{j}\left(u_{\mathrm{sf},j+1}^{n}-u_{\mathrm{sf},j}^{n}\right)+f_{k}\left(u_{\mathrm{sf},k+1}^{n}-u_{\mathrm{sf},k}^{n}\right)\right]$$

$$+B_{\mathrm{f}}\left[T_{\mathrm{sf},i+\frac{1}{2}}\left(p_{\mathrm{f},i+1}^{n}-p_{\mathrm{f},i}^{n}\right)+T_{\mathrm{sf},i-\frac{1}{2}}\left(p_{\mathrm{f},i-1}^{n}-p_{\mathrm{f},i}^{n}\right)+T_{\mathrm{sf},j+\frac{1}{2}}\left(p_{\mathrm{f},j+1}^{n}-p_{\mathrm{f},j}^{n}\right)\right.$$

$$\left.+T_{\mathrm{sf},j-\frac{1}{2}}\left(p_{\mathrm{f},j-1}^{n}-p_{\mathrm{f},j}^{n}\right)+T_{\mathrm{sf},k+\frac{1}{2}}\left(p_{\mathrm{f},k+1}^{n}-p_{\mathrm{f},k}^{n}\right)+T_{\mathrm{sf},k-\frac{1}{2}}\left(p_{\mathrm{f},k-1}^{n}-p_{\mathrm{f},k}^{n}\right)\right] \qquad (4\text{-}36)$$

$$+\left[T_{\mathrm{f},i+\frac{1}{2}}\left(p_{\mathrm{f},i+1}^{n}-p_{\mathrm{f},i}^{n}\right)+T_{\mathrm{f},i-\frac{1}{2}}\left(p_{\mathrm{f},i-1}^{n}-p_{\mathrm{f},i}^{n}\right)+T_{\mathrm{f},j+\frac{1}{2}}\left(p_{\mathrm{f},j+1}^{n}-p_{\mathrm{f},i}^{n}\right)\right.$$

$$\left.+T_{\mathrm{f},j-\frac{1}{2}}\left(p_{\mathrm{f},j-1}^{n}-p_{\mathrm{f},j}^{n}\right)+T_{\mathrm{f},k+\frac{1}{2}}\left(p_{\mathrm{f},k+1}^{n}-p_{\mathrm{f},k}^{n}\right)+T_{\mathrm{f},k-\frac{1}{2}}\left(p_{\mathrm{f},k-1}^{n}-p_{\mathrm{f},k}^{n}\right)\right]$$

$$=q_{\mathrm{g}}+\frac{q_{\mathrm{s}}}{\rho_{\mathrm{s}}}B_{\mathrm{f}}-V_{\mathrm{p}}\rho_{\mathrm{gm}}q_{\mathrm{gmf}}-V_{\mathrm{p}}q_{\mathrm{smf}}B_{\mathrm{f}}$$

同理，令 $B_{\mathrm{m}}=\dfrac{\rho_{\mathrm{gm}}^{n}}{1-C_{\mathrm{sm}}^{n}-C_{\mathrm{sm}}''^{n}}$ ，用基质硫差分方程(4-35)两端同乘以 B_{m}，加上基质气相差分方程(4-34)，可以得到基质系统只有 Δp_{m} 的方程：

$$\left(B_{\mathrm{m}}T_{\mathrm{sm},i+\frac{1}{2}}+T_{\mathrm{m},i+\frac{1}{2}}\right)\Delta p_{\mathrm{m},i+1}+\left(B_{\mathrm{m}}T_{\mathrm{sm},i-\frac{1}{2}}+T_{\mathrm{m},i-\frac{1}{2}}\right)\Delta p_{\mathrm{m},i-1}+\left(B_{\mathrm{m}}T_{\mathrm{sm},j+\frac{1}{2}}+T_{\mathrm{m},j+\frac{1}{2}}\right)\Delta p_{\mathrm{m},j+1}$$

$$+\left(B_{\mathrm{m}}T_{\mathrm{sm},j-\frac{1}{2}}+T_{\mathrm{m},j-\frac{1}{2}}\right)\Delta p_{\mathrm{m},j-1}+\left(B_{\mathrm{m}}T_{\mathrm{sm},k+\frac{1}{2}}+T_{\mathrm{m},k+\frac{1}{2}}\right)\Delta p_{\mathrm{m},k+1}+\left(B_{\mathrm{m}}T_{\mathrm{sm},k-\frac{1}{2}}+T_{\mathrm{m},k-\frac{1}{2}}\right)\Delta p_{\mathrm{m},k-1}$$

$$-\left[\left(B_{\mathrm{m}}T_{\mathrm{sm},i+\frac{1}{2}}+T_{\mathrm{m},i+\frac{1}{2}}\right)+\left(B_{\mathrm{f}}T_{\mathrm{sm},i-\frac{1}{2}}+T_{\mathrm{m},i-\frac{1}{2}}\right)+\left(B_{\mathrm{m}}T_{\mathrm{sm},j+\frac{1}{2}}+T_{\mathrm{m},j+\frac{1}{2}}\right)+\left(B_{\mathrm{m}}T_{\mathrm{sm},j-\frac{1}{2}}+T_{\mathrm{m},j-\frac{1}{2}}\right)+\left(B_{\mathrm{m}}T_{\mathrm{sm},k+\frac{1}{2}}+T_{\mathrm{m},k+\frac{1}{2}}\right)\right.$$

$$+\left(B_{\mathrm{m}}T_{\mathrm{sm},k-\frac{1}{2}}+T_{\mathrm{m},k-\frac{1}{2}}\right)+B_{\mathrm{m}}\frac{V_{\mathrm{p}}}{\Delta t}\left(\varphi_{\mathrm{m}}S_{\mathrm{gm}}^{n}\frac{\partial C_{\mathrm{sm}}}{\partial p_{\mathrm{m}}}+\varphi_{\mathrm{m}}S_{\mathrm{gm}}^{n}\frac{\partial C_{\mathrm{sm}}'}{\partial p_{\mathrm{m}}}\right)+S_{\mathrm{gm}}^{n}\varphi_{\mathrm{m}}\frac{\partial\rho_{\mathrm{gm}}}{\partial p_{\mathrm{m}}}\frac{V_{\mathrm{p}}}{\Delta t}\right]\Delta p_{\mathrm{m}}$$

$$+B_{\mathrm{m}}\left[f_{i}\left(u_{\mathrm{sm},i+1}^{n}-u_{\mathrm{sm},i}^{n}\right)+f_{j}\left(u_{\mathrm{sm},j+1}^{n}-u_{\mathrm{sm},j}^{n}\right)+f_{k}\left(u_{\mathrm{sm},k+1}^{n}-u_{\mathrm{sm},k}^{n}\right)\right] \qquad (4\text{-}37)$$

$$+B_{\mathrm{m}}\left[T_{\mathrm{sm},i+\frac{1}{2}}\left(p_{\mathrm{m},i+1}^{n}-p_{\mathrm{m},i}^{n}\right)+T_{\mathrm{sm},i-\frac{1}{2}}\left(p_{\mathrm{m},i-1}^{n}-p_{\mathrm{m},i}^{n}\right)+T_{\mathrm{sm},j+\frac{1}{2}}\left(p_{\mathrm{m},j+1}^{n}-p_{\mathrm{m},j}^{n}\right)\right.$$

$$\left.+T_{\mathrm{sm},j-\frac{1}{2}}\left(p_{\mathrm{m},j-1}^{n}-p_{\mathrm{m},j}^{n}\right)+T_{\mathrm{sm},k+\frac{1}{2}}\left(p_{\mathrm{m},k+1}^{n}-p_{\mathrm{m},k}^{n}\right)+T_{\mathrm{sm},k-\frac{1}{2}}\left(p_{\mathrm{m},k-1}^{n}-p_{\mathrm{m},k}^{n}\right)\right]$$

$$+\left[T_{\mathrm{m},i+\frac{1}{2}}\left(p_{\mathrm{m},i+1}^{n}-p_{\mathrm{m},i}^{n}\right)+T_{\mathrm{m},i-\frac{1}{2}}\left(p_{\mathrm{m},i-1}^{n}-p_{\mathrm{m},i}^{n}\right)+T_{\mathrm{m},j+\frac{1}{2}}\left(p_{\mathrm{m},j+1}^{n}-p_{\mathrm{m},i}^{n}\right)\right.$$

$$\left.+T_{\mathrm{m},j-\frac{1}{2}}\left(p_{\mathrm{m},j-1}^{n}-p_{\mathrm{m},j}^{n}\right)+T_{\mathrm{m},k+\frac{1}{2}}\left(p_{\mathrm{m},k+1}^{n}-p_{\mathrm{m},k}^{n}\right)+T_{\mathrm{m},k-\frac{1}{2}}\left(p_{\mathrm{m},k-1}^{n}-p_{\mathrm{m},k}^{n}\right)\right]$$

$$=V_{\mathrm{p}}\rho_{\mathrm{gm}}q_{\mathrm{gmf}}+V_{\mathrm{p}}q_{\mathrm{smf}}B_{\mathrm{m}}$$

对于上述划分网格以后构建的方程组，采用超松弛迭代方法对方程组进行求解。

在解得压力矩阵以后，就可以通过将求得的压力代回式(4-34)、式(4-35)，从而得到饱和度的表达式：

$$
\begin{aligned}
S_{\mathrm{gf}}^{n+1} = S_{\mathrm{gf}}^{n} + \frac{\Delta t}{V_{\mathrm{p}}\varphi_{\mathrm{f}}\left(C_{\mathrm{sf}}^{n}+C_{\mathrm{sf}}'^{n}-1\right)} & \left\{ \left[T_{\mathrm{sf},i+\frac{1}{2}}\Delta p_{\mathrm{f},i+1} + T_{\mathrm{sf},i-\frac{1}{2}}\Delta p_{\mathrm{f},i-1} + T_{\mathrm{sf},j+\frac{1}{2}}\Delta p_{\mathrm{f},j+1} \right. \right. \\
& \left. + T_{\mathrm{sf},j-\frac{1}{2}}\Delta p_{\mathrm{f},j-1} + T_{\mathrm{sf},k+\frac{1}{2}}\Delta p_{\mathrm{f},k+1} + T_{\mathrm{sf},k-\frac{1}{2}}\Delta p_{\mathrm{f},k-1} \right] \\
& - \left[\left(T_{\mathrm{sf},i+\frac{1}{2}} + T_{\mathrm{sf},i-\frac{1}{2}} \right)\Delta p_{\mathrm{f},i} + \left(T_{\mathrm{sf},j+\frac{1}{2}} + T_{\mathrm{sf},j-\frac{1}{2}} \right)\Delta p_{\mathrm{f},j} + \left(T_{\mathrm{sf},k+\frac{1}{2}} + T_{\mathrm{sf},k-\frac{1}{2}} \right)\Delta p_{\mathrm{f},k} \right] \\
& + \left[T_{\mathrm{sf},i+\frac{1}{2}}\left(p_{\mathrm{f},i+1}^{n} - p_{\mathrm{f},i}^{n} \right) + T_{\mathrm{sf},i-\frac{1}{2}}\left(p_{\mathrm{f},i-1}^{n} - p_{\mathrm{f},i}^{n} \right) \right. \\
& + T_{\mathrm{sf},j+\frac{1}{2}}\left(p_{\mathrm{f},j+1}^{n} - p_{\mathrm{f},j}^{n} \right) + T_{\mathrm{sf},j-\frac{1}{2}}\left(p_{\mathrm{f},j-1}^{n} - p_{\mathrm{f},j}^{n} \right) \\
& \left. + T_{\mathrm{sf},k+\frac{1}{2}}\left(p_{\mathrm{f},k+1}^{n} - p_{\mathrm{f},k}^{n} \right) + T_{\mathrm{sf},k-\frac{1}{2}}\left(p_{\mathrm{f},k-1}^{n} - p_{\mathrm{f},k}^{n} \right) \right] \\
& + \left[f_i\left(u_{\mathrm{sf},i+1}^{n} - u_{\mathrm{sf},i}^{n} \right) + f_j\left(u_{\mathrm{sf},j+1}^{n} - u_{\mathrm{sf},j}^{n} \right) + f_k\left(u_{\mathrm{sf},k+1}^{n} - u_{\mathrm{sf},k}^{n} \right) \right] \\
& \left. - \left[\frac{V_{\mathrm{p}}}{\Delta t}\left(\varphi_{\mathrm{f}}S_{\mathrm{gf}}^{n}\frac{\partial C_{\mathrm{sf}}}{\partial p_{\mathrm{f}}} + \varphi_{\mathrm{f}}S_{\mathrm{gf}}^{n}\frac{\partial C_{\mathrm{sf}}'}{\partial p_{\mathrm{f}}} \right) + \frac{q_{\mathrm{s}}}{p_{\mathrm{s}}} - V_{\mathrm{p}}q_{\mathrm{smf}} \right] \right\}
\end{aligned} \tag{4-38}
$$

$$
\begin{aligned}
S_{\mathrm{gm}}^{n+1} = S_{\mathrm{gm}}^{n} + \frac{\Delta t}{V_{\mathrm{p}}\varphi_{\mathrm{m}}\left(C_{\mathrm{sm}}^{n}+C_{\mathrm{sm}}'^{n}-1\right)} & \left\{ \left[T_{\mathrm{sm},i+\frac{1}{2}}\Delta p_{\mathrm{m},i+1} + T_{\mathrm{sm},i-\frac{1}{2}}\Delta p_{\mathrm{m},i-1} + T_{\mathrm{sm},j+\frac{1}{2}}\Delta p_{\mathrm{m},j+1} \right. \right. \\
& \left. + T_{\mathrm{sm},j-\frac{1}{2}}\Delta p_{\mathrm{m},j-1} + T_{\mathrm{sm},k+\frac{1}{2}}\Delta p_{\mathrm{m},k+1} + T_{\mathrm{sm},k-\frac{1}{2}}\Delta p_{\mathrm{m},k-1} \right] \\
& - \left[\left(T_{\mathrm{sm},i+\frac{1}{2}} + T_{\mathrm{sm},i-\frac{1}{2}} \right)\Delta p_{\mathrm{m},i} + \left(T_{\mathrm{sm},j+\frac{1}{2}} + T_{\mathrm{sm},j-\frac{1}{2}} \right)\Delta p_{\mathrm{m},j} \right. \\
& \left. + \left(T_{\mathrm{sm},k+\frac{1}{2}} + T_{\mathrm{sm},k-\frac{1}{2}} \right)\Delta p_{\mathrm{m},k} \right] + \left[T_{\mathrm{sm},i+\frac{1}{2}}\left(p_{\mathrm{m},i+1}^{n} - p_{\mathrm{m},i}^{n} \right) + T_{\mathrm{sm},i-\frac{1}{2}}\left(p_{\mathrm{m},i-1}^{n} - p_{\mathrm{m},i}^{n} \right) \right. \\
& + T_{\mathrm{sm},j+\frac{1}{2}}\left(p_{\mathrm{m},j+1}^{n} - p_{\mathrm{m},j}^{n} \right) + T_{\mathrm{sm},j-\frac{1}{2}}\left(p_{\mathrm{m},j-1}^{n} - p_{\mathrm{m},j}^{n} \right) \\
& \left. + T_{\mathrm{sm},k+\frac{1}{2}}\left(p_{\mathrm{m},k+1}^{n} - p_{\mathrm{m},k}^{n} \right) + T_{\mathrm{sm},k-\frac{1}{2}}\left(p_{\mathrm{m},k-1}^{n} - p_{\mathrm{m},k}^{n} \right) \right] \\
& + \left[f_i\left(u_{\mathrm{sm},i+1}^{n} - u_{\mathrm{sm},i}^{n} \right) + f_j\left(u_{\mathrm{sm},j+1}^{n} - u_{\mathrm{sm},j}^{n} \right) + f_k\left(u_{\mathrm{sm},k+1}^{n} - u_{\mathrm{sm},k}^{n} \right) \right] \\
& \left. - \left[\frac{V_{\mathrm{p}}}{\Delta t}\left(\varphi_{\mathrm{m}}S_{\mathrm{gm}}^{n}\frac{\partial C_{\mathrm{sm}}}{\partial p_{\mathrm{m}}} + \varphi_{\mathrm{m}}S_{\mathrm{gm}}^{n}\frac{\partial C_{\mathrm{sm}}'}{\partial p_{\mathrm{m}}} \right) + \frac{q_{\mathrm{s}}}{p_{\mathrm{s}}} - V_{\mathrm{p}}q_{\mathrm{smf}} \right] \right\}
\end{aligned} \tag{4-39}
$$

4.3.2　数值求解中的井处理

在高含硫气藏数值模拟程序中，井即为模型的内边界条件。在划分网格时，气藏网格尺寸一般要比井筒半径大很多，在油气藏渗流理论中，一般把生产井作为点源，而把注入井作为点汇。因此如果给定生产条件是定产量生产，只要直接将产量 q 代入到井所在网格的节点方程即可。而在定井底压力生产时，要通过井底压力得到关于产量的关系，再代入到节点方程。由于井的尺寸比网格尺寸相差很大，井底流动压力与网格压力是不同的，因此必须建立井底流压与井所在网格节点压力之间的关系。

当井垂直穿过多层时，井的总流量等于所有射孔段穿越的网格的流量的累加，表示为

$$q_k = -J_k \left(p_k - p_{\mathrm{wf}k} \right) \tag{4-40}$$

$$q = -\sum_k J_k \left(p_k - p_{\mathrm{wf}k} \right) \tag{4-41}$$

$$J_k = \frac{2\pi \beta_c K_k h_k}{\mu_k B_k \left(\ln \dfrac{r_{\mathrm{eq}}}{r_{\mathrm{w}}} + S_k \right)} \tag{4-42}$$

$$r_{\mathrm{eq}} = 0.28 \frac{\sqrt{\left(K_y / K_x \right)^{1/2} (\Delta x)^2 + \left(K_x / K_y \right)^{1/2} (\Delta y)^2}}{\left(K_y / K_x \right)^{1/4} + \left(K_x / K_y \right)^{1/4}} \tag{4-43}$$

式中，β_c——半径，m；

$\qquad \mu_k$——黏度，mPa·s；

$\qquad B_k$——体积系数；

$\qquad$下标 k——井射孔纵向穿过的网格；

$\qquad p_k$——网格块压力，MPa；

$\qquad p_{\mathrm{wf}k}$——射孔网格块底部井筒压力，MPa；

$\qquad h_k$——网格块的高度，m；

$\qquad K_k$——网格块的渗透率，$\mu\mathrm{m}^2$；

$\qquad S$——表皮系数。

对于定压力生产的井，根据井底压力 p_{wf} 可以求出每个射孔网格的井筒压力 $p_{\mathrm{wf}k}$，从而求出每个射孔网格的产量 q_k，最终求得井的总产量 q，计算井筒压力采用下面公式：

$$p_{\mathrm{wf}k} = p_{\mathrm{wf}} + \overline{\gamma}_{\mathrm{wb}} \left(h_k - h_{\mathrm{ref}} \right) \tag{4-44}$$

式中，$\overline{\gamma}_{\mathrm{wb}}$——井筒平均压力梯度，MPa/m；

$\qquad h_{\mathrm{ref}}$——参考深度，m。

对于定产量生产的井，需要将给定的全井的产量分配到每个射孔网格，采用势分配法进行分配，也就是将式(4-41)进行变形，即

$$q_k = \frac{J_k \left(p_k - p_{\mathrm{wf}k} \right)}{\sum\limits_k J_k \left(p_k - p_{\mathrm{wf}k} \right)} q \tag{4-45}$$

各个射孔层的井筒压力 $p_{\mathrm{wf}k}$ 就根据式(4-44)计算，而井底流动压力 p_{wf} 的计算方法是：

$$p_{\mathrm{wf}} = \frac{\sum\limits_k \left\{ J_k \left[p_k - \overline{\gamma}_{\mathrm{wb}} \left(h_k - h_{\mathrm{ref}} \right) \right] \right\} + q_{\mathrm{sc}}}{\sum\limits_k J_k} \tag{4-46}$$

4.3.3 模型的程序求解

本书采用 MATLAB 编程计算，MATLAB 处理矩阵数组方面具有优势，可以让求解过程更有效率，设计程序运行界面如图 4-2 所示，程序计算流程如图 4-3 所示。

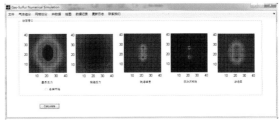

图 4-2　气-固相数值模拟程序界面

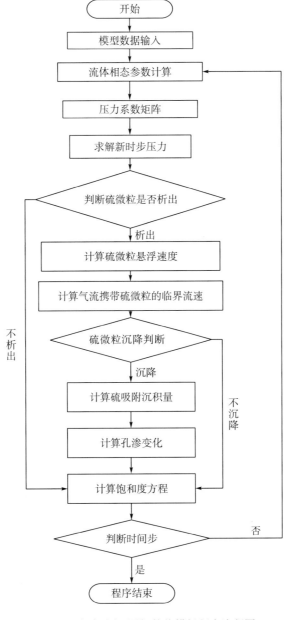

图 4-3　高含硫气-固相数值模拟程序流程图

4.4　高含硫气藏气-固渗流数学模型算例验证

对于本书所建立的模型，采用 Roberts(1997) 文献中的高含硫气藏作为算例，将本书结果与原文结果进行对比分析。

4.4.1　实例气藏描述

算例以加拿大 Waterton 气田的数据作为高含硫气藏数值模拟研究的基础数据。该气田位于加拿大阿尔伯达西南地区的落基山脉，属于碳酸盐岩高含硫气藏，其硫化氢含量在 16%左右，地质储量 $10 \times 10^{11} m^3$，储层平均厚度 675m，但物性参数较差(孔隙度 3%~4%，渗透率 $0.05 \times 10^{-3} \mu m^2$)，气藏必须进行压裂处理才能进行生产，井底取样分析发现该气藏初始元素硫含量为 $0.27 g/m^3$，储层中由于硫沉积以及重质组分的析出沉积堵塞储层，造成产能下降的现象，一些井的井底压力严重降低。

选取其中沉积现象严重的区块进行模拟计算，气藏的基本参数见表 4-1，井取样流体组成见表 4-2。

表 4-1　气藏区块参数

参数	数值
气藏原始压力/MPa	36.6
气藏温度/℃	81
气藏初始含气饱和度	1
气藏初始含硫饱和度	0
气藏初始溶解的元素硫浓度/(g/m^3)	0.27
气藏有效厚度/m	26
气藏孔隙度	0.04
气藏渗透率/μm^2	0.7×10^{-3}
面积/km^2	7.065

表 4-2　酸性气体组分

气体成分	N_2	H_2S	CO_2	C_1	C_2	C_3^+
摩尔分数/%	2.31	16.1	2.02	79.04	0.28	0.25

4.4.2　程序计算与对比分析

根据前面气藏的地质数据，建立模拟网格数据，见表 4-3。

表 4-3　模拟网格参数

网格维数	I 方向网格步长/m	J 方向网格步长/m	网格总数	模拟面积/km^2
$41 \times 41 \times 1$	64.82	64.82	1681	7.065

通过模拟定产量生产 $(30 \times 10^4 m^3/d)$，生产井打在中心位置 $(21, 21)$ 网格处，得到关于井底压力随时间的变化，本书的计算结果与文献中的计算结果进行对比，见图 4-4。

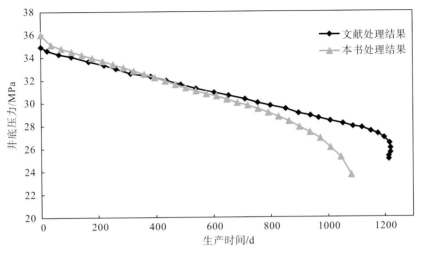

图 4-4　定产量生产时井底压力对比

从图 4-4 可以看出，本书模拟计算的井底压力随着时间的变化曲线与文献模拟计算的结果趋势是一致的，文献中的模型在生产的后期压力发生陡降，本书模型在后期压力的降低过程相对比较平缓，压力降低到 25MPa 的时间比文献模型早了几十天，由于文献中不考虑硫的运移，所以才会在后期发生更加剧烈的压力陡降。因此本书所建立的模型是可靠的，可以用来模拟计算高含硫气藏的生产过程，动态计算储层的压力变化情况，以及硫沉积对储层的伤害情况等。

本书对于模型验证中得到的井所在网格的孔渗变化情况分别见图 4-5、图 4-6。

从图 4-5 和图 4-6 中可以看出，井所在网格孔隙度从开始的 0.040 下降到 0.035，而渗透率由开始的 $0.007\mu m^2$ 降低到最后的近乎于 0，说明在硫沉积的作用下储层流动能力急剧下降，所以会出现井底压力在生产后期的"陡降"。

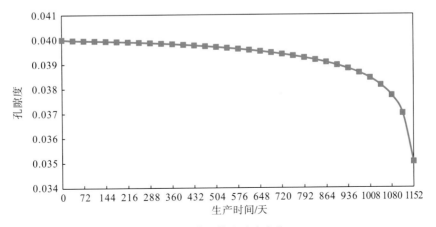

图 4-5　井网格孔隙度变化

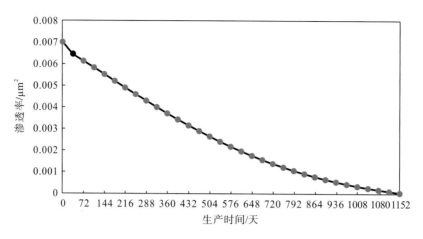

图 4-6 井网格渗透率变化

4.5 高含硫气藏气-水-液硫渗流模型的建立

4.5.1 模型假设条件

高含硫气藏储层渗流特征的复杂性要求在进行数值模拟研究时,对研究对象作一定合理假设以简化研究。主要假设如下:

(1)储层温度恒定不变且高于硫在此温度、压力下的凝固点(119℃),即元素硫析出以液态存在;

(2)忽略化学溶解而导致 H_2S 及硫的量发生的改变;

(3)初始状态元素硫处于溶解平衡状态(即饱和状态);

(4)忽略毛管力和重力的影响;

(5)考虑水的影响,且流体渗流符合达西定律;

(6)析出液硫相,只在气相中移动且气-水两相互相不容。

4.5.2 气相连续性方程

高含硫气藏混合流体流动符合达西定律,气相运动方程为

$$v_g = \frac{Q_g}{A} = -\frac{K_g}{\mu_g L}\Delta p \tag{4-47}$$

式中,Q_g ——流体流量,cm^3/s;

K_g ——储层气相渗透率,μm^2;

Δp ——储层两端压差,MPa;

L ——储层长度,cm;

μ_g ——气体黏度,$mPa\cdot s$。

令 $\nabla = \frac{\partial}{\partial x} + \frac{\partial}{\partial y} + \frac{\partial}{\partial z}$,则式(4-47)为

$$v_{\mathrm{g}} = -\frac{K_{\mathrm{g}}}{\mu_{\mathrm{g}}}\nabla p \tag{4-48}$$

单元体内气体质量改变与时间的函数关系为

$$\Delta M = M_{t+\Delta t} - M_t = \left(V_{\mathrm{p}}\varphi S_{\mathrm{g}}\rho_{\mathrm{g}}\right)_{t+\Delta t} - \left(V_{\mathrm{p}}\varphi S_{\mathrm{g}}\rho_{\mathrm{g}}\right)_t \tag{4-49}$$

气体单位时间流入单元体的质量：

$$M_1 = \left(\Delta t \rho_{\mathrm{g}} v_{\mathrm{g}} \Delta y \Delta z\right)_x + \left(\Delta t \rho_{\mathrm{g}} v_{\mathrm{g}} \Delta x \Delta z\right)_y + \left(\Delta t \rho_{\mathrm{g}} v_{\mathrm{g}} \Delta x \Delta y\right)_z \tag{4-50}$$

气体单位时间流出单元体的质量：

$$M_2 = \left(\Delta t \rho_{\mathrm{g}} v_{\mathrm{g}} \Delta y \Delta z\right)_{x+\Delta x} + \left(\Delta t \rho_{\mathrm{g}} v_{\mathrm{g}} \Delta x \Delta z\right)_{y+\Delta y} + \left(\Delta t \rho_{\mathrm{g}} v_{\mathrm{g}} \Delta x \Delta y\right)_{z+\Delta z} \tag{4-51}$$

按照质量守恒定律可得

$$\Delta M = M_1 - M_2 + q_{\mathrm{g}} \tag{4-52}$$

将式(4-49)、式(4-50)、式(4-51)代入式(4-52)得到：

$$\frac{\partial\left(\varphi S_{\mathrm{g}}\rho_{\mathrm{g}}\right)}{\partial t} = -\frac{\partial\left(\rho_{\mathrm{g}} v_{\mathrm{g}}\right)}{\partial x} - \frac{\partial\left(\rho_{\mathrm{g}} v_{\mathrm{g}}\right)}{\partial y} - \frac{\partial\left(\rho_{\mathrm{g}} v_{\mathrm{g}}\right)}{\partial z} + \frac{q_{\mathrm{g}}}{V_{\mathrm{p}}} \tag{4-53}$$

将式(4-48)代入式(4-53)整理可以得到气相连续性方程为

$$\frac{\partial\left(\varphi S_{\mathrm{g}}\rho_{\mathrm{g}}\right)}{\partial t} = \nabla\left(\frac{\rho_{\mathrm{g}} K_{\mathrm{g}}}{\mu_{\mathrm{g}}}\nabla p\right) + \frac{q_{\mathrm{g}}}{V_{\mathrm{p}}} \tag{4-54}$$

同理，水相连续性方程为

$$\frac{\partial\left(\varphi S_{\mathrm{w}}\right)}{\partial t} = \nabla\left(\frac{K_{\mathrm{w}}}{\mu_{\mathrm{w}}}\nabla p\right) + \frac{q_{\mathrm{w}}}{V_{\mathrm{p}}\rho_{\mathrm{w}}} \tag{4-55}$$

式中，μ_{g} ——气体黏度，$\mathrm{mPa\cdot s}$；

$\quad\quad\mu_{\mathrm{w}}$ ——流体黏度，$\mathrm{mPa\cdot s}$；

$\quad\quad\rho_{\mathrm{g}}$ ——气体密度，$\mathrm{kg/m^3}$；

$\quad\quad\rho_{\mathrm{w}}$ ——流体密度，$\mathrm{kg/m^3}$；

$\quad\quad S_{\mathrm{g}}$ ——含气饱和度；

$\quad\quad S_{\mathrm{w}}$ ——含水饱和度；

$\quad\quad q_{\mathrm{g}}$ ——气体源汇项，$\mathrm{kg/s}$；

$\quad\quad k_{\mathrm{w}}$ ——储层液相渗透率，$\mathrm{\mu m^2}$；

$\quad\quad q_{\mathrm{w}}$ ——水源汇项，$\mathrm{kg/s}$。

4.5.3　液硫相连续性方程

当储层温度高于元素硫的凝固点时，硫以液态析出并存在于储层中。液硫在储层中存在的方式为：以溶解态存在于流体中、随流体运移的悬浮状态、析出后吸附沉积于储层孔隙。按照质量守恒定律，三种状态的硫即为单元体中硫的总含量。因此，分别推导三种硫含量并累加即得到液硫相连续性方程。

对于悬浮在流体中的液态硫，假设元素硫的运移速度为 u_1，则在单位时间 Δt 内流入

单元体的硫微粒质量为

$$M_1 = \left(u_{1,t,x}\Delta y\Delta z\Delta t + u_{1,t,y}\Delta x\Delta z\Delta t + u_{1,t,z}\Delta y\Delta x\Delta t\right)\rho_1 \tag{4-56}$$

流出单元体硫微粒质量为

$$M_2 = \left(u_{1,t,x+\Delta x}\Delta y\Delta z\Delta t + u_{1,t,y+\Delta y}\Delta x\Delta z\Delta t + u_{1,t,z+\Delta z}\Delta y\Delta x\Delta t\right)\rho_1 \tag{4-57}$$

在 Δt 内悬浮硫变化量为

$$\Delta M = \Delta x\Delta y\Delta z S_g\varphi\rho_1\left(C_{1,t} - C_{1,t+\Delta t}\right) \tag{4-58}$$

设液硫析出量为 q_{rl}，沉积量为 q_{dl}，吸附量为 q_{al}，则按照质量守恒定律有

$$\Delta M = M_1 - M_2 + q_{rl} - q_{dl} - q_{al} \tag{4-59}$$

将式(4-56)、式(4-57)、式(4-58)代入式(4-59)整理得悬浮硫连续性方程为

$$\frac{\partial u_g}{\partial x} + \frac{\partial u_g}{\partial y} + \frac{\partial u_g}{\partial z} + \frac{q_{rl}}{V_p\rho_1} - \frac{q_{dl}}{V_p\rho_1} - \frac{q_{al}}{V_p\rho_1} = \frac{\partial\left(S_g C_1'\right)}{\partial t}\varphi \tag{4-60}$$

同理，可得溶解液硫相的连续性方程为

$$\frac{\partial u_g}{\partial x} + \frac{\partial u_g}{\partial y} + \frac{\partial u_g}{\partial z} - \frac{q_{rl}}{V_p\rho_1} = \frac{\partial\left(S_g C_1\right)}{\partial t}\varphi \tag{4-61}$$

吸附沉积硫元素的连续性方程为

$$\frac{q_{al}}{V_p\rho_1} = \frac{\partial S_1}{\partial t}\varphi \tag{4-62}$$

式中，C_1——溶解在气体中的液硫体积分数；

C_1'——悬浮在气体中的液硫体积分数；

ρ_1——液态硫的密度，kg/m^3；

S_1——含硫饱和度。

式(4-60)、式(4-61)、式(4-62)整理相加并加入源汇项，得到气藏中液硫相连续方程为

$$\nabla\cdot\left(\frac{K}{\mu_g}\nabla p\right) + \nabla\cdot\left(u_1\right) = \frac{\partial\left[\left(S_g C_1 + S_g C_1' + S_1\right)\varphi\right]}{\partial t} + \frac{q_1}{V_p\rho_1} \tag{4-63}$$

式中，q_1——液相源汇项，kg/s。

1）裂缝系统

气相连续性方程：

$$\nabla\cdot\left(\frac{\rho_{gf}K_f}{\mu_{gf}}\nabla p_f\right) = \frac{\partial\left(\varphi_f S_{gf}\rho_{sf}\right)}{\partial t} + \frac{q_g}{V_p} - \rho_{gm}q_{gmf} \tag{4-64}$$

水相连续性方程：

$$\nabla\left(\frac{K_f}{\mu_{wf}}\nabla p_f\right) = \frac{\partial\left(\varphi_f S_{wf}\right)}{\partial t} + \frac{q_w}{V_p\rho_w} - \frac{q_{dws}}{\rho_w} - q_{wmf} \tag{4-65}$$

液硫相连续性方程：

$$\nabla\left(\frac{K_f}{\mu_{gf}}\nabla p_f\right) + \nabla\left(u_{lf}\right) = \frac{\partial\left[\left(S_{gf}C_{lf} + S_{gf}C_{lf}' + S_{lf}\right)\varphi_f\right]}{\partial t} + \frac{q_1}{V_p\rho_1} - q_{lmf} \tag{4-66}$$

2) 基质系统

气相连续性方程：

$$\nabla\left(\frac{\rho_{gm}K_m}{\mu_{gm}}\nabla p_m\right) = \frac{\partial\left(\varphi_m S_{gm}\rho_{lm}\right)}{\partial t} + \rho_{gm}q_{gmf} \tag{4-67}$$

水相连续性方程：

$$\nabla\left(\frac{K_m}{\mu_{wm}}\nabla p_m\right) = \frac{\partial\left(\varphi_m S_{wm}\right)}{\partial t} + q_{wmf} \tag{4-68}$$

液硫相连续性方程：

$$\nabla\left(\frac{K_m}{\mu_{gm}}\nabla p_m\right) + \nabla\left(u_{lm}\right) = \frac{\partial\left[\left(S_{gm}C_{lm} + S_{gm}C'_{lm} + S_{lm}\right)\varphi_m\right]}{\partial t} + q_{lmf} \tag{4-69}$$

式中，下标 m——基质系统；

下标 f——裂缝系统；

q_{gmf}——基质与裂缝之间气相的窜流项，s^{-1}；

q_{lmf}——基质与裂缝之间液硫相的交换项，s^{-1}；

q_{wmf}——基质与裂缝之间水相的窜流项，s^{-1}；

q_{dws}——侵入模型的水体量，m^3/d。

窜流项 q_{gmf} 和交换项 q_{lmf} 可利用基质相压力和裂缝相压力之间的差进行计算，可表示如下：

$$q_{gmf} = \alpha\left(\frac{K_m}{\mu_{gm}}\right)\left(p_m - p_f\right) \tag{4-70}$$

$$q_{wmf} = \alpha\left(\frac{K_m}{\mu_{wm}}\right)\left(p_m - p_f\right) \tag{4-71}$$

$$q_{lmf} = \alpha\left(\frac{K_m}{\mu_{gm}}\right)\left(p_m - p_f\right)C_1 \tag{4-72}$$

α 表示的是基质-裂缝之间的沟通程度，即形状因子，与基质岩块物性参数和裂缝密度有关，常用 Warren-Root 方法计算：

$$\alpha = \frac{4n(n+2)}{l^2} \tag{4-73}$$

式中，n——正交的裂缝组数；

l——基质块特具有的征长度，m。

或用在 Warren-Root 基础上改进的 Kazemi 方法计算如下：

$$\alpha = 4\left(\frac{1}{L_x^2} + \frac{1}{L_y^2} + \frac{1}{L_z^2}\right) \tag{4-74}$$

式中，L_x、L_y、L_z——x、y、z 方向的网格尺寸大小，m。

4.5.4 元素硫析出及吸附模型

元素硫在储层中析出主要以悬浮、吸附及沉积的形式存在与孔隙中。

1.液硫析出量计算模型

液硫析出是元素硫在气体中溶解度随着压力温度下降而减小到临界溶解度时所导致的。由模型假设条件可以知道，储层单元体温度不发生变化，对于单元体，t_1时刻溶解度为C_{r1}，t_2时刻溶解度为C_{r2}，析出的元素硫量为

$$\Delta M_1 = \Delta x \Delta y \Delta z \varphi S_g \left(C_{r1} - C_{r2} \right) \tag{4-75}$$

将式(4-74)代入溶解度模型，整理可得元素硫析出量为

$$\Delta M_1 = \Delta x \Delta y \Delta z \varphi S_g \left(\rho_{g,1}^k - \rho_{g,2}^k \right) \exp \left(\frac{A}{T} + B \right) \tag{4-76}$$

2.液硫吸附量计算模型

当液硫与多孔介质接触时，其中一部分会在孔隙表面产生积蓄，即吸附。常用的吸附模型数学表达式为

$$n_1' = \frac{m_1 x_1 S}{S x_1 + \left(m_1 / m_g \right) x_g} \tag{4-77}$$

式中，n_1'——硫微粒吸附的量，mg/g；

m_1——液硫吸附层中单位质量的质量数；

x_1——液硫相占混合体系的质量分数；

x_g——气水混合相占混合体系的质量分数。

4.5.5 元素硫在流体中的运移速度模型

1.液态硫微粒运移速度

假定同一时刻单元体内硫微粒具有相同运移速度，忽略硫微粒之间的碰撞，可以由动力学知识计算得到硫微粒运移速度（u_1）为

$$u_1 = \sqrt{\frac{a}{b}} \left[\frac{1 + e^{4t\sqrt{ab}}}{1 - e^{4t\sqrt{ab}}} + 2\sqrt{\left(\frac{1 + e^{4t\sqrt{ab}}}{1 - e^{4t\sqrt{ab}}} \right)^2 - 1} \right] \tag{4-78}$$

其中，参数a、b计算如下：

$$a = \frac{\rho C_D \pi r_p^2}{2 m_p} \tag{4-79}$$

$$b = \frac{V_p}{m_p} \frac{\partial p}{\partial x} \tag{4-80}$$

式中，C_D——阻力系数；

ρ——流体混合物的密度，kg/m³；

r_p——硫微粒的直径，m；

V_p——孔隙体积，m^3；

m_p——硫微粒的质量，kg。

2.液态硫微粒沉降气体速度模型

由第 2 章第 3 小节推导的临界运移速度，结合硫微粒在气体中运移的最低能量需求，可以得到硫颗粒在气相中悬浮所需要的最小气流速度 $u_{g,l}$，计算表达式为

$$u_{g,l} = \sqrt[3]{\frac{mDu_{mg}}{\varphi\left(\lambda_g + m\varphi\lambda_m\right)}} \tag{4-81}$$

式中，φ——气固两相速度比；

m——气固质量混合比，$m = Q_s / Q_g$；

D——管道管径；

λ_g——气体的摩擦系数；

λ_m——固相颗粒群的摩擦系数。

因此，若流体流速大于该速度，则液硫颗粒在气相中悬浮运移；若小于该速度，硫颗粒则会吸附沉降在孔隙通道中。

4.5.6　模型的辅助方程

气-水-液硫相饱和度关系：

$$\begin{cases} S_{gf} + S_{wf} + S_{sf} = 1 \\ S_{gm} + S_{wm} + S_{sm} = 1 \end{cases} \tag{4-82}$$

气体密度之间的关系：

$$\rho_g = \rho_g\left[p, T, Z_i\left(i = 1, 2, \cdots, n+1\right)\right] \tag{4-83}$$

气体黏度之间的关系：

$$\mu_g = \mu_g\left[p, T, Z_i\left(i = 1, 2, \cdots, n+1\right)\right] \tag{4-84}$$

孔渗伤害模型：

$$\varphi' = \varphi - \Delta\varphi = \frac{V_\varphi - V_1}{V} \times 100\% \tag{4-85}$$

$$K = K_0\left(\frac{\varphi'}{\varphi}\right)^3\left(\frac{1-\varphi}{1-\varphi'}\right)^2 \tag{4-86}$$

式中，φ'——硫沉积后的孔隙度；

φ——原始孔隙度；

K——硫沉积后的渗透率，μm^2；

K_0——原始渗透率，μm^2；

V_1——沉积的硫的体积，m^3；

V——原始孔隙体积，m^3。

含硫饱和度(S_s)模型：

$$S_s = \frac{1}{10^3(1-S_{wi})\rho_s}\left(\frac{M_a\gamma_g}{ZRT}\right)^4 \exp\left(\frac{-4666}{T}-4.5711\right)\left(p_0^4-p_i^4\right) \quad (4\text{-}87)$$

式中，S_{wi}——地层束缚水饱和度；

M_a——干燥空气的分子量；

γ_g——气体的相对密度。

4.5.7　模型的定解条件

储层渗流数学模型定解条件即确定所给工程实际问题的唯一解的条件，有边界条件和初始条件。

1.模型边界条件

(1)气藏外边界条件指的是气藏几何边界处油气层的状态限制，可划分为定压外边界、定流量外边界。

气藏的定压外边界指的是气藏外边界压力，为定值，表达式为

$$p|_G = \text{const.} \quad (4\text{-}88)$$

气藏的定流量外边界指的是气藏外边界流量，为定值，表达式为

$$\frac{\partial \Phi}{\partial n}\Big|_G = \text{const.} \quad (4\text{-}89)$$

式中，下标 G——外边界；

Φ——流体势。

(2)气藏内边界条件一般是指井工作制度，即井生产是定产量生产还是定井底流压生产。

定产量内边界条件指的是生产井以已知的固定产量生产，表达式为

$$q|_{r=r_w} = \text{const.} \quad (4\text{-}90)$$

定压力内边界条件指的是生产井以固定井底流压生产，表达式为

$$p|_{r=r_w} = \text{const.} \quad (4\text{-}91)$$

2.模型初始条件

气藏数学模型的初始条件是指在模拟开始$(t=0)$时，气藏储层各空间点上工程实际参数的分布，通常指的是储层原始压力和初始饱和度在区域间的分布情况。

气藏未生产时，储层各处压力平衡并且相等，即为初始压力：

$$p(x,y,z,t)|_{t=0} = p_0 \quad (4\text{-}92)$$

气藏初始未发生硫沉积时，流体以气-水相为主，初始饱和度为

$$S(x,y,z,t)|_{t=0} = S_0 \quad (4\text{-}93)$$

$$\begin{cases} S_{lf}(x,y,z,t)|_{t=0} = 0 \\ S_{lm}(x,y,z,t)|_{t=0} = 0 \end{cases} \quad (4\text{-}94)$$

4.6　高含硫气藏气-水-液硫渗流模型的数值求解

模型数值求解，首先分别对裂缝系统和基质系统所建立的连续性方程进行差分计算，再对连续性方程进行数值求解，以对储层渗流做出合理描述。

4.6.1　流动方程离散化

对基质裂缝系统连续流动性方程进行差分求解即为离散化流动方程，通过将偏导数转化为差商形式，实现高阶方程到低阶方程的降阶处理，同时在求解区域内形成代数方程组描述有限网格气体渗流。用"隐压显饱"法求解差分方程，即通过隐式求解压力方程，再通过显示求解饱和度方程。

通过差分离散化处理气相、水相、液硫相连续性方程，将各个时间步长内的压力变化用 $p^{n+1} = p^n + \Delta p$ 表示，则基质裂缝连续性方程的差分形式如下。

裂缝气相差分方程：

$$
\begin{aligned}
&T_{\text{f},i+\frac{1}{2}}\Delta p_{\text{f},i+1} + T_{\text{f},i-\frac{1}{2}}\Delta p_{\text{f},i-1} + T_{\text{f},j+\frac{1}{2}}\Delta p_{\text{f},j+1} + T_{\text{f},j-\frac{1}{2}}\Delta p_{\text{f},j-1} + T_{\text{f},k+\frac{1}{2}}\Delta p_{\text{f},k+1} + T_{\text{f},k-\frac{1}{2}}\Delta p_{\text{f},k-1} \\
&- \left[\left(T_{\text{f},i+\frac{1}{2}} + T_{\text{f},i-\frac{1}{2}} \right)\Delta p_{\text{f},i} + \left(T_{\text{f},j+\frac{1}{2}} + T_{\text{f},j-\frac{1}{2}} \right)\Delta p_{\text{f},j} + \left(T_{\text{f},k+\frac{1}{2}} + T_{\text{f},k-\frac{1}{2}} \right)\Delta p_{\text{f},k} \right] \\
&+ \left[T_{\text{f},i+\frac{1}{2}}\left(p_{\text{f},i+1}^{n} - p_{\text{f},i}^{n} \right) + T_{\text{f},i-\frac{1}{2}}\left(p_{\text{f},i-1}^{n} - p_{\text{f},i}^{n} \right) + T_{\text{f},j+\frac{1}{2}}\left(p_{\text{f},j+1}^{n} - p_{\text{f},j}^{n} \right) \right. \\
&\left. + T_{\text{f},j-\frac{1}{2}}\left(p_{\text{f},j-1}^{n} - p_{\text{f},j}^{n} \right) + T_{\text{f},k+\frac{1}{2}}\left(p_{\text{f},k+1}^{n} - p_{\text{f},k}^{n} \right) + T_{\text{f},k-\frac{1}{2}}\left(p_{\text{f},k-1}^{n} - p_{\text{f},k}^{n} \right) \right] \\
&= \frac{V_{\text{p}}}{\Delta t}\left(\varphi_{\text{f}}\rho_{\text{gf}}^{n}\Delta S_{\text{gf}} + S_{\text{gf}}^{n}\varphi_{\text{f}}\frac{\partial \rho_{\text{gf}}}{\partial p_{\text{f}}}\Delta p_{\text{f}} \right) + q_{\text{g}} - \rho_{\text{gm}}V_{\text{p}}q_{\text{gmf}}
\end{aligned}
\tag{4-95}
$$

裂缝水相差分方程：

$$
\begin{aligned}
&T_{\text{wf},i+\frac{1}{2}}\Delta p_{\text{f},i+1} + T_{\text{wf},i-\frac{1}{2}}\Delta p_{\text{f},i-1} + T_{\text{wf},j+\frac{1}{2}}\Delta p_{\text{f},j+1} + T_{\text{wf},j-\frac{1}{2}}\Delta p_{\text{f},j-1} + T_{\text{wf},k+\frac{1}{2}}\Delta p_{\text{f},k+1} + T_{\text{wf},k-\frac{1}{2}}\Delta p_{\text{f},k-1} \\
&- \left[\left(T_{\text{wf},i+\frac{1}{2}} + T_{\text{Wf},i-\frac{1}{2}} \right)\Delta p_{\text{f},i} + \left(T_{\text{wf},j+\frac{1}{2}} + T_{\text{Wf},j-\frac{1}{2}} \right)\Delta p_{\text{f},j} + \left(T_{\text{wf},k+\frac{1}{2}} + T_{\text{Wf},k-\frac{1}{2}} \right)\Delta p_{\text{f},k} \right] \\
&+ \left[T_{\text{wf},i+\frac{1}{2}}\left(p_{\text{f},i+1}^{n} - p_{\text{f},i}^{n} \right) + T_{\text{wf},i-\frac{1}{2}}\left(p_{\text{f},i-1}^{n} - p_{\text{f},i}^{n} \right) + T_{\text{wf},j+\frac{1}{2}}\left(p_{\text{f},j+1}^{n} - p_{\text{f},j}^{n} \right) \right. \\
&\left. + T_{\text{wf},j-\frac{1}{2}}\left(p_{\text{f},j-1}^{n} - p_{\text{f},j}^{n} \right) + T_{\text{wf},k+\frac{1}{2}}\left(p_{\text{f},k+1}^{n} - p_{\text{f},k}^{n} \right) + T_{\text{wf},k-\frac{1}{2}}\left(p_{\text{f},k-1}^{n} - p_{\text{f},k}^{n} \right) \right] \\
&= \frac{V_{\text{p}}\varphi_{1}\Delta S_{\text{wf}}}{\Delta t} + \frac{q_{\text{w}}}{\rho_{\text{w}}} - \frac{V_{\text{p}}q_{\text{dws}}}{\rho_{\text{w}}} - V_{\text{p}}q_{\text{wmf}}
\end{aligned}
\tag{4-96}
$$

裂缝液硫相差分方程：

$$
T_{\text{lf},i+\frac{1}{2}}\Delta p_{\text{f},i+1} + T_{\text{lf},i-\frac{1}{2}}\Delta p_{\text{f},i-1} + T_{\text{lf},j+\frac{1}{2}}\Delta p_{\text{f},j+1} + T_{\text{lf},j-\frac{1}{2}}\Delta p_{\text{f},j-1} + T_{\text{lf},k+\frac{1}{2}}\Delta p_{\text{f},k+1} + T_{\text{lf},k-\frac{1}{2}}\Delta p_{\text{f},k-1}
$$

$$-\left[\left(T_{\text{lf},i+\frac{1}{2}}+T_{\text{lf},i-\frac{1}{2}}\right)\Delta p_{\text{f},i}+\left(T_{\text{lf},j+\frac{1}{2}}+T_{\text{lf},j-\frac{1}{2}}\right)\Delta p_{\text{f},j}+\left(T_{\text{lf},k+\frac{1}{2}}+T_{\text{lf},k-\frac{1}{2}}\right)\Delta p_{\text{f},k}\right]$$

$$+\left[T_{\text{lf},i+\frac{1}{2}}\left(p_{\text{f},i+1}^{n}-p_{\text{f},i}^{n}\right)+T_{\text{lf},i-\frac{1}{2}}\left(p_{\text{f},i-1}^{n}-p_{\text{f},i}^{n}\right)+T_{\text{lf},j+\frac{1}{2}}\left(p_{\text{f},j+1}^{n}-p_{\text{f},j}^{n}\right)\right.$$

$$\left.+T_{\text{lf},j-\frac{1}{2}}\left(p_{\text{f},j-1}^{n}-p_{\text{f},j}^{n}\right)+T_{\text{lf},k+\frac{1}{2}}\left(p_{\text{f},k+1}^{n}-p_{\text{f},k}^{n}\right)+T_{\text{lf},k-\frac{1}{2}}\left(p_{\text{f},k-1}^{n}-p_{\text{f},k}^{n}\right)\right] \tag{4-97}$$

$$+f_{i}\left(u_{\text{lf},i+1}^{n}-u_{\text{lf},i}^{n}\right)+f_{j}\left(u_{\text{lf},j+1}^{n}-u_{\text{lf},j}^{n}\right)+f_{k}\left(u_{\text{lf},k+1}^{n}-u_{\text{lf},k}^{n}\right)$$

$$=\frac{V_{\text{p}}}{\Delta t}\left(\varphi_{\text{f}}S_{\text{gf}}^{n}\frac{\partial C_{\text{lf}}}{\partial p_{\text{f}}}\Delta p_{\text{f}}+C_{\text{lf}}^{n}\varphi_{\text{f}}\Delta S_{\text{gf}}+\varphi_{\text{f}}S_{\text{gf}}^{n}\frac{\partial C_{\text{lf}}'}{\partial p_{\text{f}}}\Delta p_{\text{f}}+\varphi_{\text{f}}C_{\text{lf}}''^{n}\Delta S_{\text{gf}}+\varphi_{\text{f}}\Delta S_{\text{lf}}\right)+\frac{q_{\text{l}}}{\rho_{\text{l}}}-V_{p}q_{\text{smf}}$$

式中，

$$T_{i\pm\frac{1}{2}}=F_{i\pm\frac{1}{2}}\left(\rho_{\text{g}}\lambda_{\text{g}}\right),\quad T_{j\pm\frac{1}{2}}=F_{j\pm\frac{1}{2}}\left(\rho_{\text{g}}\lambda_{\text{g}}\right),\quad T_{k\pm\frac{1}{2}}=F_{k\pm\frac{1}{2}}\left(\rho_{\text{g}}\lambda_{\text{g}}\right) \tag{4-98}$$

$$T_{\text{w},i\pm\frac{1}{2}}=F_{i\pm\frac{1}{2}}\left(\lambda_{\text{w}}\right),\quad T_{\text{w},j\pm\frac{1}{2}}=F_{j\pm\frac{1}{2}}\left(\lambda_{\text{w}}\right),\quad T_{\text{w},k\pm\frac{1}{2}}=F_{k\pm\frac{1}{2}}\left(\lambda_{\text{w}}\right) \tag{4-99}$$

$$T_{1,i\pm\frac{1}{2}}=F_{1,i\pm\frac{1}{2}}\left(\lambda_{\text{g}}\right),\quad T_{1,j\pm\frac{1}{2}}=F_{j\pm\frac{1}{2}}\left(\lambda_{\text{g}}\right),\quad T_{1,k\pm\frac{1}{2}}=F_{k\pm\frac{1}{2}}\left(\lambda_{\text{g}}\right) \tag{4-100}$$

$$F_{i\pm\frac{1}{2}}=\frac{\Delta y_{j}\Delta z_{k}}{\Delta x_{i\pm\frac{1}{2}}},\quad F_{j\pm\frac{1}{2}}=\frac{\Delta x_{i}\Delta z_{k}}{\Delta y_{j\pm\frac{1}{2}}},\quad F_{k\pm\frac{1}{2}}=\frac{\Delta x_{i}\Delta y_{j}}{\Delta z_{k\pm\frac{1}{2}}} \tag{4-101}$$

$$f_{i}=\Delta y_{j}\Delta z_{k},f_{j}=\Delta x_{i}\Delta z_{k},f_{k}=\Delta x_{i}\Delta y_{j} \tag{4-102}$$

$$\lambda_{\text{g}}=\frac{K}{\mu_{\text{g}}} \tag{4-103}$$

$$\lambda_{\text{w}}=\frac{K_{\text{w}}}{\mu_{\text{w}}} \tag{4-104}$$

同理，基质气相差分方程：

$$T_{\text{m},i+\frac{1}{2}}\Delta p_{\text{m},i+1}+T_{\text{m},i-\frac{1}{2}}\Delta p_{\text{m},i-1}+T_{\text{m},j+\frac{1}{2}}\Delta p_{\text{m},j+1}+T_{\text{m},j-\frac{1}{2}}\Delta p_{\text{m},j-1}+T_{\text{m},k+\frac{1}{2}}\Delta p_{\text{m},k+1}+T_{\text{m},k-\frac{1}{2}}\Delta p_{\text{m},k-1}$$

$$-\left[\left(T_{\text{m},i+\frac{1}{2}}+T_{\text{m},i-\frac{1}{2}}\right)\Delta p_{\text{m},i}+\left(T_{\text{m},j+\frac{1}{2}}+T_{\text{m},j-\frac{1}{2}}\right)\Delta p_{\text{m},j}+\left(T_{\text{m},k+\frac{1}{2}}+T_{\text{m},k-\frac{1}{2}}\right)\Delta p_{\text{m},k}\right]$$

$$+\left[T_{\text{m},i+\frac{1}{2}}\left(p_{\text{m},j+1}^{n}-p_{\text{m},i}^{n}\right)+T_{\text{m},i-\frac{1}{2}}\left(p_{\text{m},i-1}^{n}-p_{\text{m},i}^{n}\right)+T_{\text{m},j+\frac{1}{2}}\left(p_{\text{m},j+1}^{n}-p_{\text{m},j}^{n}\right)\right.$$

$$\left.+T_{\text{m},j-\frac{1}{2}}\left(p_{\text{m},j-1}^{n}-p_{\text{m},j}^{n}\right)-T_{\text{m},k+\frac{1}{2}}\left(p_{\text{m},k+1}^{n}-p_{\text{m},k}^{n}\right)+T_{\text{m},k-\frac{1}{2}}\left(p_{\text{m},k-1}^{n}-p_{\text{m},k}^{n}\right)\right]$$

$$=\frac{V_{\text{p}}}{\Delta t}\left(\varphi_{\text{m}}\rho_{\text{gm}}^{n}\Delta S_{\text{gm}}+S_{\text{gm}}^{m}\varphi_{\text{m}}\frac{\partial\rho_{\text{gm}}}{\partial p_{\text{m}}}\Delta p_{\text{m}}\right)+V_{\text{p}}\rho_{\text{gm}}q_{\text{gmf}}$$

$$\tag{4-105}$$

基质水相差分方程：

$$T_{\text{wm},i+\frac{1}{2}}\Delta p_{\text{m},i+1}+T_{\text{wm},i-\frac{1}{2}}\Delta p_{\text{m},i-1}+T_{\text{wm},j+\frac{1}{2}}\Delta p_{\text{m},j+1}+T_{\text{wm},j-\frac{1}{2}}\Delta p_{\text{m},j-1}+T_{\text{wm},k+\frac{1}{2}}\Delta p_{\text{m},k+1}+T_{\text{wm},k-\frac{1}{2}}\Delta p_{\text{m},k-1}$$

$$-\left[\left(T_{\text{wm},i+\frac{1}{2}}+T_{\text{wm},i-\frac{1}{2}}\right)\Delta p_{\text{m},i}+\left(T_{\text{wm},j+\frac{1}{2}}+T_{\text{wm},j-\frac{1}{2}}\right)\Delta p_{\text{m},j}+\left(T_{\text{wm},k+\frac{1}{2}}+T_{\text{wm},k-\frac{1}{2}}\right)\Delta p_{\text{m},k}\right]$$

$$
\begin{aligned}
&+\left[T_{\mathrm{wm},i+\frac{1}{2}}\left(p_{\mathrm{m},i+1}^{n}-p_{\mathrm{m},i}^{n}\right)+T_{\mathrm{wm},i-\frac{1}{2}}\left(p_{\mathrm{m},i-1}^{n}-p_{\mathrm{m},i}^{n}\right)+T_{\mathrm{wm},j+\frac{1}{2}}\left(p_{\mathrm{m},j+1}^{n}-p_{\mathrm{m},j}^{n}\right)\right.\\
&+T_{\mathrm{wm},j-\frac{1}{2}}\left(p_{\mathrm{m},j-1}^{n}-p_{\mathrm{m},j}^{n}\right)+T_{\mathrm{wm},k+\frac{1}{2}}\left(p_{\mathrm{m},k+1}^{n}-p_{\mathrm{m},k}^{n}\right)+\left.T_{\mathrm{wm},k-\frac{1}{2}}\left(p_{\mathrm{m},k-1}^{n}-p_{\mathrm{m},k}^{n}\right)\right]
\end{aligned}
\tag{4-106}
$$

$$
=\frac{V_{\mathrm{p}}\varphi_{\mathrm{m}}\Delta S_{\mathrm{wm}}}{\Delta t}+V_{\mathrm{p}}q_{\mathrm{wmf}}
$$

基质液硫相差分方程:

$$
\begin{aligned}
&\left(T_{\mathrm{lm},i+\frac{1}{2}}\Delta p_{\mathrm{m},i+1}+T_{\mathrm{lm},i-\frac{1}{2}}\Delta p_{\mathrm{m},i-1}+T_{\mathrm{lm},j+\frac{1}{2}}\Delta p_{\mathrm{m},j+1}+T_{\mathrm{lm},j-\frac{1}{2}}\Delta p_{\mathrm{m},j-1}+T_{\mathrm{lm},k+\frac{1}{2}}\Delta p_{\mathrm{m},k+1}+T_{\mathrm{lm},k-\frac{1}{2}}\Delta p_{\mathrm{m},k-1}\right)\\
&-\left[\left(T_{\mathrm{lm},i+\frac{1}{2}}+T_{\mathrm{lm},i-\frac{1}{2}}\right)\Delta p_{\mathrm{m},i}+\left(T_{\mathrm{lm},j+\frac{1}{2}}+T_{\mathrm{lm},j-\frac{1}{2}}\right)\Delta p_{\mathrm{m},j}+\left(T_{\mathrm{lm},k+\frac{1}{2}}+T_{\mathrm{lm},k-\frac{1}{2}}\right)\Delta p_{\mathrm{m},k}\right]\\
&+\left[T_{\mathrm{lm},i+\frac{1}{2}}\left(p_{\mathrm{m},i+1}^{n}-p_{\mathrm{m},i}^{n}\right)+T_{\mathrm{lm},i-\frac{1}{2}}\left(p_{\mathrm{m},i-1}^{n}-p_{\mathrm{m},i}^{n}\right)+T_{\mathrm{lm},j+\frac{1}{2}}\left(p_{\mathrm{m},j+1}^{n}-p_{\mathrm{m},j}^{n}\right)\right.\\
&+T_{\mathrm{lm},j-\frac{1}{2}}\left(p_{\mathrm{m},j-1}^{n}-p_{\mathrm{m},j}^{n}\right)+T_{\mathrm{lm},k+\frac{1}{2}}\left(p_{\mathrm{m},k+1}^{n}-p_{\mathrm{m},k}^{n}\right)+\left.T_{\mathrm{lm},k-\frac{1}{2}}\left(p_{\mathrm{m},k-1}^{n}-p_{\mathrm{m},k}^{n}\right)\right]\\
&+f_{i}\left(u_{\mathrm{lm},i+1}^{n}-u_{\mathrm{lm},i}^{n}\right)+f_{j}\left(u_{\mathrm{lm},j+1}^{n}-u_{\mathrm{lm},j}^{n}\right)+f_{k}\left(u_{\mathrm{lm},k+1}^{n}-u_{\mathrm{lm},k}^{n}\right)
\end{aligned}
\tag{4-107}
$$

$$
=\frac{V_{p}}{\Delta t}\left(\varphi_{\mathrm{m}}S_{\mathrm{gm}}^{n}\frac{\partial C_{\mathrm{lm}}}{\partial p_{\mathrm{m}}}\Delta p_{\mathrm{m}}+C_{\mathrm{lm}}^{n}\varphi_{\mathrm{m}}\Delta S_{\mathrm{gm}}+\varphi_{\mathrm{m}}S_{\mathrm{gm}}^{n}\frac{\partial C_{\mathrm{lm}}'}{\partial p_{\mathrm{m}}}\Delta p_{\mathrm{m}}+\varphi_{\mathrm{m}}C_{\mathrm{lm}}'^{n}\Delta S_{\mathrm{gm}}+\varphi_{\mathrm{m}}\Delta S_{\mathrm{lm}}\right)+V_{\mathrm{p}}q_{\mathrm{lmf}}
$$

消除各差分方程中的饱和度项以便求解压力, 令 $B_{\mathrm{f}}=\dfrac{\rho_{\mathrm{gf}}^{n}}{1-C_{1\mathrm{f}}^{n}-C_{1\mathrm{f}}'^{n}}$, 将 B_{f} 乘以裂缝液

硫相差分方程(4-97), 再同裂缝气相差分方程(4-95)、裂缝水相差分方程(4-96)相加就可以得到消除饱和度项后只含 Δp_{f} 的裂缝系统方程:

$$
\begin{aligned}
&\left(B_{\mathrm{f}}T_{\mathrm{lf},i+\frac{1}{2}}+T_{\mathrm{gf},i+\frac{1}{2}}+T_{\mathrm{wf},i+\frac{1}{2}}\right)\Delta p_{\mathrm{f},i+1}+\left(B_{\mathrm{f}}T_{\mathrm{lf},i-\frac{1}{2}}+T_{\mathrm{gf},i-\frac{1}{2}}+T_{\mathrm{wf},i-\frac{1}{2}}\right)\Delta p_{\mathrm{f},i-1}\\
&+\left(B_{\mathrm{f}}T_{\mathrm{lf},j+\frac{1}{2}}+T_{\mathrm{gf},j+\frac{1}{2}}+T_{\mathrm{wf},j+\frac{1}{2}}\right)\Delta p_{\mathrm{f},j+1}+\left(B_{\mathrm{f}}T_{\mathrm{lf},j-\frac{1}{2}}+T_{\mathrm{gf},j-\frac{1}{2}}+T_{\mathrm{wf},j-\frac{1}{2}}\right)\Delta p_{\mathrm{f},j-1}\\
&+\left(B_{\mathrm{f}}T_{\mathrm{lf},k+\frac{1}{2}}+T_{\mathrm{gf},k+\frac{1}{2}}+T_{\mathrm{wf},k+\frac{1}{2}}\right)\Delta p_{\mathrm{f},k+1}+\left(B_{\mathrm{f}}T_{\mathrm{lf},k-\frac{1}{2}}+T_{\mathrm{gf},k-\frac{1}{2}}+T_{\mathrm{wf},k-\frac{1}{2}}\right)\Delta p_{\mathrm{f},k-1}\\
&-\left[B_{\mathrm{f}}T_{\mathrm{lf},i+\frac{1}{2}}+T_{\mathrm{gf},i+\frac{1}{2}}+T_{\mathrm{wf},i+\frac{1}{2}}+B_{\mathrm{f}}T_{\mathrm{lf},i-\frac{1}{2}}+T_{\mathrm{gf},i-\frac{1}{2}}+T_{\mathrm{wf},i-\frac{1}{2}}\right.\\
&+B_{\mathrm{f}}T_{\mathrm{lf},j+\frac{1}{2}}+T_{\mathrm{gf},j+\frac{1}{2}}+T_{\mathrm{wf},j+\frac{1}{2}}+B_{\mathrm{f}}T_{\mathrm{lf},j-\frac{1}{2}}+T_{\mathrm{gf},j-\frac{1}{2}}+T_{\mathrm{wf},j-\frac{1}{2}}\\
&+B_{\mathrm{f}}T_{\mathrm{lf},k+\frac{1}{2}}+T_{\mathrm{gf},k+\frac{1}{2}}+T_{\mathrm{wf},k+\frac{1}{2}}+B_{\mathrm{f}}T_{\mathrm{lf},k-\frac{1}{2}}+T_{\mathrm{gf},k-\frac{1}{2}}+T_{\mathrm{wf},k-\frac{1}{2}}\\
&+B_{\mathrm{f}}\frac{V_{p}}{\Delta t}\left(\varphi_{\mathrm{f}}S_{\mathrm{gf}}^{n}\frac{\partial C_{\mathrm{lf}}}{\partial p_{\mathrm{f}}}+\varphi_{\mathrm{f}}S_{\mathrm{gf}}^{n}\frac{\partial C_{\mathrm{lf}}'}{\partial p_{\mathrm{f}}}\right)+S_{\mathrm{gf}}^{n}\varphi_{\mathrm{f}}\frac{\partial \rho_{\mathrm{gf}}}{\partial p_{\mathrm{f}}}\frac{V_{\mathrm{p}}}{\Delta t}\right]\Delta p_{\mathrm{f}}\\
&+B_{\mathrm{f}}\left[f_{i}\left(u_{\mathrm{lf},i+1}^{n}-u_{\mathrm{lf},i}^{n}\right)+f_{j}\left(u_{\mathrm{lf},j+1}^{n}-u_{\mathrm{lf},j}^{n}\right)+f_{k}\left(u_{\mathrm{lf},k+1}^{n}-u_{\mathrm{lf},k}^{n}\right)\right]\\
&+B_{\mathrm{f}}\left[T_{\mathrm{lf},i+\frac{1}{2}}\left(p_{\mathrm{f},i+1}^{n}-p_{\mathrm{f},i}^{n}\right)+T_{\mathrm{lf},i-\frac{1}{2}}\left(p_{\mathrm{f},i-1}^{n}-p_{\mathrm{f},i}^{n}\right)+T_{\mathrm{lf},j+\frac{1}{2}}\left(p_{\mathrm{f},j+1}^{n}-p_{\mathrm{f},j}^{n}\right)\right.\\
&+T_{\mathrm{lf},j-\frac{1}{2}}\left(p_{\mathrm{f},j-1}^{n}-p_{\mathrm{f},j}^{n}\right)+T_{\mathrm{lf},k+\frac{1}{2}}\left(p_{\mathrm{f},k+1}^{n}-p_{\mathrm{f},k}^{n}\right)+\left.T_{\mathrm{lf},k-\frac{1}{2}}\left(p_{\mathrm{f},k-1}^{n}-p_{\mathrm{f},k}^{n}\right)\right]\\
&+\left[T_{\mathrm{gf},i+\frac{1}{2}}\left(p_{\mathrm{f},i+1}^{n}-p_{\mathrm{f},i}^{n}\right)+T_{\mathrm{gf},i-\frac{1}{2}}\left(p_{\mathrm{f},i-1}^{n}-p_{\mathrm{f},i}^{n}\right)+T_{\mathrm{gf},j+\frac{1}{2}}\left(p_{\mathrm{f},j+1}^{n}-p_{\mathrm{f},j}^{n}\right)\right.
\end{aligned}
$$

$$
\begin{aligned}
&+ T_{\mathrm{gf},j-\frac{1}{2}}\left(p_{\mathrm{f},j-1}^{n}-p_{\mathrm{f},j}^{n}\right)+T_{\mathrm{gf},k+\frac{1}{2}}\left(p_{\mathrm{f},k+1}^{n}-p_{\mathrm{f},k}^{n}\right)+T_{\mathrm{gf},k-\frac{1}{2}}\left(p_{\mathrm{f},k-1}^{n}-p_{\mathrm{f},k}^{n}\right)\bigg] \\
&+\bigg[T_{\mathrm{wf},i+\frac{1}{2}}\left(p_{\mathrm{f},i+1}^{n}-p_{\mathrm{f},i}^{n}\right)+T_{\mathrm{wf},i-\frac{1}{2}}\left(p_{\mathrm{f},i-1}^{n}-p_{\mathrm{f},i}^{n}\right)+T_{\mathrm{wf},j+\frac{1}{2}}\left(p_{\mathrm{f},j+1}^{n}-p_{\mathrm{f},j}^{n}\right) \\
&+T_{\mathrm{wf},j-\frac{1}{2}}\left(p_{\mathrm{f},j-1}^{n}-p_{\mathrm{f},j}^{n}\right)+T_{\mathrm{wf},k+\frac{1}{2}}\left(p_{\mathrm{f},k+1}^{n}-p_{\mathrm{f},k}^{n}\right)+T_{\mathrm{wf},k-\frac{1}{2}}\left(p_{\mathrm{f},k-1}^{n}-p_{\mathrm{f},k}^{n}\right)\bigg] \\
&=q_{\mathrm{g}}+\frac{q_{\mathrm{w}}}{\rho_{\mathrm{w}}}+\frac{q_{\mathrm{l}}}{\rho_{\mathrm{l}}}B_{\mathrm{f}}-V_{\mathrm{p}}\rho_{\mathrm{gm}}q_{\mathrm{gmf}}-\frac{V_{\mathrm{p}}q_{\mathrm{dws}}}{\rho_{\mathrm{w}}}-V_{\mathrm{p}}q_{\mathrm{wmf}}-V_{\mathrm{p}}q_{\mathrm{lmf}}B_{\mathrm{f}}
\end{aligned}
\tag{4-108}
$$

同理，令 $B_{\mathrm{m}}=\dfrac{\rho_{\mathrm{gm}}^{n}}{1-C_{\mathrm{lm}}^{n}-C_{\mathrm{lm}}'^{n}}$，进行如上换算可得到只有 Δp_{m} 项的基质系统方程：

$$
\begin{aligned}
&\left(B_{\mathrm{m}}T_{\mathrm{lm},i+\frac{1}{2}}+T_{\mathrm{gm},i+\frac{1}{2}}+T_{\mathrm{wm},i+\frac{1}{2}}\right)\Delta p_{\mathrm{m},i+1}+\left(B_{\mathrm{m}}T_{\mathrm{lm},i-\frac{1}{2}}+T_{\mathrm{gm},i-\frac{1}{2}}+T_{\mathrm{wm},i-\frac{1}{2}}\right)\Delta p_{\mathrm{m},i-1} \\
&+\left(B_{\mathrm{m}}T_{\mathrm{lm},j+\frac{1}{2}}+T_{\mathrm{gm},j+\frac{1}{2}}+T_{\mathrm{wm},j+\frac{1}{2}}\right)\Delta p_{\mathrm{m},j+1}+\left(B_{\mathrm{m}}T_{\mathrm{lm},j-\frac{1}{2}}+T_{\mathrm{gm},j-\frac{1}{2}}+T_{\mathrm{wm},j-\frac{1}{2}}\right)\Delta p_{\mathrm{m},j-1} \\
&+\left(B_{\mathrm{m}}T_{\mathrm{lm},k+\frac{1}{2}}+T_{\mathrm{gm},k+\frac{1}{2}}+T_{\mathrm{wm},k+\frac{1}{2}}\right)\Delta p_{\mathrm{m},k+1}+\left(B_{\mathrm{m}}T_{\mathrm{lm},k-\frac{1}{2}}+T_{\mathrm{gm},k-\frac{1}{2}}+T_{\mathrm{wm},k-\frac{1}{2}}\right)\Delta p_{\mathrm{m},k-1} \\
&-\bigg[B_{\mathrm{m}}T_{\mathrm{lm},i+\frac{1}{2}}+T_{\mathrm{gm},i+\frac{1}{2}}+T_{\mathrm{wm},i+\frac{1}{2}}+B_{\mathrm{m}}T_{\mathrm{lm},i-\frac{1}{2}}+T_{\mathrm{gm},i-\frac{1}{2}}+T_{\mathrm{wm},i-\frac{1}{2}}+B_{\mathrm{m}}T_{\mathrm{lm},j+\frac{1}{2}} \\
&+T_{\mathrm{gm},j+\frac{1}{2}}+T_{\mathrm{wm},j+\frac{1}{2}}+B_{\mathrm{f}}T_{\mathrm{lm},j-\frac{1}{2}}+T_{\mathrm{gm},j-\frac{1}{2}}+T_{\mathrm{wm},j-\frac{1}{2}}+B_{\mathrm{m}}T_{\mathrm{lm},k+\frac{1}{2}} \\
&+T_{\mathrm{gm},k+\frac{1}{2}}+T_{\mathrm{wm},k+\frac{1}{2}}+B_{\mathrm{m}}T_{\mathrm{lm},k-\frac{1}{2}}+T_{\mathrm{gm},k-\frac{1}{2}}+T_{\mathrm{wm},k-\frac{1}{2}} \\
&+B_{\mathrm{m}}\frac{V_{p}}{\Delta t}\left(\varphi_{\mathrm{m}}S_{\mathrm{gm}}^{n}\frac{\partial C_{\mathrm{lm}}}{\partial p_{\mathrm{m}}}+\varphi_{\mathrm{m}}S_{\mathrm{gm}}^{n}\frac{\partial C_{\mathrm{lm}}'}{\partial p_{\mathrm{m}}}\right)+S_{\mathrm{gm}}^{n}\varphi_{\mathrm{m}}\frac{\partial \rho_{\mathrm{gm}}}{\partial p_{\mathrm{m}}}\frac{V_{\mathrm{p}}}{\Delta t}\bigg]\Delta p_{\mathrm{m}} \\
&+B_{\mathrm{m}}\bigg[f_{i}\left(u_{\mathrm{lm},i+1}^{n}-u_{\mathrm{lm},i}^{n}\right)+f_{j}\left(u_{\mathrm{lm},j+1}^{n}-u_{\mathrm{lm},j}^{n}\right)+f_{k}\left(u_{\mathrm{lm},k+1}^{n}-u_{\mathrm{lm},k}^{n}\right)\bigg] \\
&+B_{\mathrm{m}}\bigg[T_{\mathrm{lm},i+\frac{1}{2}}\left(p_{\mathrm{m},i+1}^{n}-p_{\mathrm{m},i}^{n}\right)+T_{\mathrm{lm},i-\frac{1}{2}}\left(p_{\mathrm{m},i-1}^{n}-p_{\mathrm{m},i}^{n}\right)+T_{\mathrm{lm},j+\frac{1}{2}}\left(p_{\mathrm{m},j+1}^{n}-p_{\mathrm{m},j}^{n}\right) \\
&+T_{\mathrm{lm},j-\frac{1}{2}}\left(p_{\mathrm{m},j-1}^{n}-p_{\mathrm{m},j}^{n}\right)+T_{\mathrm{lm},k+\frac{1}{2}}\left(p_{\mathrm{m},k+1}^{n}-p_{\mathrm{m},k}^{n}\right)+T_{\mathrm{lm},k-\frac{1}{2}}\left(p_{\mathrm{m},k-1}^{n}-p_{\mathrm{m},k}^{n}\right)\bigg] \\
&+\bigg[T_{\mathrm{gm},i+\frac{1}{2}}\left(p_{\mathrm{m},i+1}^{n}-p_{\mathrm{m},i}^{n}\right)+T_{\mathrm{gm},i-\frac{1}{2}}\left(p_{\mathrm{m},i-1}^{n}-p_{\mathrm{m},i}^{n}\right)+T_{\mathrm{gm},j+\frac{1}{2}}\left(p_{\mathrm{m},j+1}^{n}-p_{\mathrm{m},j}^{n}\right) \\
&+T_{\mathrm{gm},j-\frac{1}{2}}\left(p_{\mathrm{m},j-1}^{n}-p_{\mathrm{m},j}^{n}\right)+T_{\mathrm{gm},k+\frac{1}{2}}\left(p_{\mathrm{m},k+1}^{n}-p_{\mathrm{m},k}^{n}\right)+T_{\mathrm{gm},k-\frac{1}{2}}\left(p_{\mathrm{m},k-1}^{n}-p_{\mathrm{m},k}^{n}\right)\bigg] \\
&+\bigg[T_{\mathrm{wm},i+\frac{1}{2}}\left(p_{\mathrm{m},i+1}^{n}-p_{\mathrm{m},i}^{n}\right)+T_{\mathrm{wm},i-\frac{1}{2}}\left(p_{\mathrm{m},i-1}^{n}-p_{\mathrm{m},i}^{n}\right)+T_{\mathrm{wm},j+\frac{1}{2}}\left(p_{\mathrm{m},j+1}^{n}-p_{\mathrm{m},j}^{n}\right) \\
&+T_{\mathrm{wm},j-\frac{1}{2}}\left(p_{\mathrm{m},j-1}^{n}-p_{\mathrm{m},j}^{n}\right)+T_{\mathrm{wm},k+\frac{1}{2}}\left(p_{\mathrm{m},k+1}^{n}-p_{\mathrm{m},k}^{n}\right)+T_{\mathrm{wm},k-\frac{1}{2}}\left(p_{\mathrm{m},k-1}^{n}-p_{\mathrm{m},k}^{n}\right)\bigg] \\
&=V_{\mathrm{p}}\rho_{\mathrm{gm}}q_{\mathrm{gmf}}+V_{\mathrm{p}}q_{\mathrm{wmf}}+V_{\mathrm{p}}q_{\mathrm{lmf}}B_{\mathrm{m}}
\end{aligned}
\tag{4-109}
$$

上述方程组是通过划分网格建立的，再通过超松弛迭代法进行求解方程组。

对裂缝基质系统方程进行求解得到压力，通过将得到的压力关系代回式(4-97)、式(4-107)中，可得到裂缝基质含气饱和度表达式：

$$
\begin{aligned}
S_{\mathrm{gf}}^{n+1} = S_{\mathrm{gf}}^{n} + \frac{\Delta t}{V_{\mathrm{p}}\varphi_{\mathrm{f}}\left(C_{\mathrm{lf}}^{n}+C_{\mathrm{lf}}'^{n}-1\right)} & \left\{ \left[T_{\mathrm{lf},i+\frac{1}{2}}\Delta p_{\mathrm{f},i+1} + T_{\mathrm{lf},i-\frac{1}{2}}\Delta p_{\mathrm{f},i-1} + T_{\mathrm{lf},j+\frac{1}{2}}\Delta p_{\mathrm{f},j+1} \right. \right. \\
& \left. + T_{\mathrm{lf},j-\frac{1}{2}}\Delta p_{\mathrm{f},j-1} + T_{\mathrm{lf},k+\frac{1}{2}}\Delta p_{\mathrm{f},k+1} + T_{\mathrm{lf},k-\frac{1}{2}}\Delta p_{\mathrm{f},k-1} \right] \\
& - \left[\left(T_{\mathrm{lf},i+\frac{1}{2}}+T_{\mathrm{sf},i-\frac{1}{2}}\right)\Delta p_{\mathrm{f},i} + \left(T_{\mathrm{lf},j+\frac{1}{2}}+T_{\mathrm{lf},j-\frac{1}{2}}\right)\Delta p_{\mathrm{f},j} + \left(T_{\mathrm{lf},k+\frac{1}{2}}+T_{\mathrm{lf},k-\frac{1}{2}}\right)\Delta p_{\mathrm{f},k} \right] \\
& + \left[T_{\mathrm{lf},i+\frac{1}{2}}\left(p_{\mathrm{f},i+1}^{n}-p_{\mathrm{f},i}^{n}\right) + T_{\mathrm{lf},i-\frac{1}{2}}\left(p_{\mathrm{f},i-1}^{n}-p_{\mathrm{f},i}^{n}\right) \right. \\
& + T_{\mathrm{lf},j+\frac{1}{2}}\left(p_{\mathrm{f},j+1}^{n}-p_{\mathrm{f},j}^{n}\right) + T_{\mathrm{lf},j-\frac{1}{2}}\left(p_{\mathrm{f},j-1}^{n}-p_{\mathrm{f},j}^{n}\right) \\
& \left. + T_{\mathrm{lf},k+\frac{1}{2}}\left(p_{\mathrm{f},k+1}^{n}-p_{\mathrm{f},k}^{n}\right) + T_{\mathrm{lf},k-\frac{1}{2}}\left(p_{\mathrm{f},k-1}^{n}-p_{\mathrm{f},k}^{n}\right) \right] \\
& + \left[f_i\left(u_{\mathrm{lf},i+1}^{n}-u_{\mathrm{lf},i}^{n}\right) + f_j\left(u_{\mathrm{lf},j+1}^{n}-u_{\mathrm{lf},j}^{n}\right) + f_k\left(u_{\mathrm{lf},k+1}^{n}-u_{\mathrm{lf},k}^{n}\right) \right] \\
& \left. - \left[\frac{V_{\mathrm{p}}}{\Delta t}\left(\varphi_{\mathrm{f}}S_{\mathrm{gf}}^{n}\frac{\partial C_{\mathrm{lf}}}{\partial p_{\mathrm{f}}} + \varphi_{\mathrm{f}}S_{\mathrm{gf}}^{n}\frac{\partial C_{\mathrm{lf}}'}{\partial p_{\mathrm{f}}} \right) + \frac{q_{\mathrm{s}}}{p_{\mathrm{s}}} - V_{\mathrm{p}}q_{\mathrm{lmf}} \right] \right\}
\end{aligned}
\tag{4-110}
$$

$$
\begin{aligned}
S_{\mathrm{gm}}^{n+1} = S_{\mathrm{gm}}^{n} + \frac{\Delta t}{V_{\mathrm{p}}\varphi_{\mathrm{m}}\left(C_{\mathrm{lm}}^{n}+C_{\mathrm{lm}}'^{n}-1\right)} & \left\{ \left[T_{\mathrm{lm},i+\frac{1}{2}}\Delta p_{\mathrm{m},i+1} + T_{\mathrm{lm},i-\frac{1}{2}}\Delta p_{\mathrm{m},i-1} + T_{\mathrm{lm},j+\frac{1}{2}}\Delta p_{\mathrm{m},j+1} \right. \right. \\
& \left. + T_{\mathrm{lm},j-\frac{1}{2}}\Delta p_{\mathrm{m},j-1} + T_{\mathrm{lm},k+\frac{1}{2}}\Delta p_{\mathrm{m},k+1} + T_{\mathrm{lm},k-\frac{1}{2}}\Delta p_{\mathrm{m},k-1} \right] \\
& - \left[\left(T_{\mathrm{lm},i+\frac{1}{2}}+T_{\mathrm{lm},i-\frac{1}{2}}\right)\Delta p_{\mathrm{m},i} + \left(T_{\mathrm{lm},j+\frac{1}{2}}+T_{\mathrm{lm},j-\frac{1}{2}}\right)\Delta p_{\mathrm{m},j} + \left(T_{\mathrm{lm},k+\frac{1}{2}}+T_{\mathrm{lm},k-\frac{1}{2}}\right)\Delta p_{\mathrm{m},k} \right] \\
& + \left[T_{\mathrm{lm},i+\frac{1}{2}}\left(p_{\mathrm{m},i+1}^{n}-p_{\mathrm{m},i}^{n}\right) + T_{\mathrm{lm},i-\frac{1}{2}}\left(p_{\mathrm{m},i-1}^{n}-p_{\mathrm{m},i}^{n}\right) \right. \\
& + T_{\mathrm{lm},j+\frac{1}{2}}\left(p_{\mathrm{m},j+1}^{n}-p_{\mathrm{m},j}^{n}\right) + T_{\mathrm{lm},j-\frac{1}{2}}\left(p_{\mathrm{m},j-1}^{n}-p_{\mathrm{m},j}^{n}\right) \\
& \left. + T_{\mathrm{lm},k+\frac{1}{2}}\left(p_{\mathrm{m},k+1}^{n}-p_{\mathrm{m},k}^{n}\right) + T_{\mathrm{lm},k-\frac{1}{2}}\left(p_{\mathrm{m},k-1}^{n}-p_{\mathrm{m},k}^{n}\right) \right] \\
& + \left[f_i\left(u_{\mathrm{lm},i+1}^{n}-u_{\mathrm{lm},i}^{n}\right) + f_j\left(u_{\mathrm{lm},j+1}^{n}-u_{\mathrm{lm},j}^{n}\right) + f_k\left(u_{\mathrm{lm},k+1}^{n}-u_{\mathrm{lm},k}^{n}\right) \right] \\
& \left. - \left[\frac{V_{\mathrm{p}}}{\Delta t}\left(\varphi_{\mathrm{m}}S_{\mathrm{gm}}^{n}\frac{\partial C_{\mathrm{sm}}}{\partial p_{\mathrm{m}}} + \varphi_{\mathrm{m}}S_{\mathrm{gm}}^{n}\frac{\partial C_{\mathrm{lm}}'}{\partial p_{\mathrm{m}}} \right) + \frac{q_{\mathrm{s}}}{p_{\mathrm{s}}} - V_{\mathrm{p}}q_{\mathrm{lmf}} \right] \right\}
\end{aligned}
\tag{4-111}
$$

4.6.2 模型中的井处理

井即为模型内边界，生产井作为点源，注入井为点汇，井处理就是对模型在数模过程中的内边界进行处理。其核心处理指的是：在定井底流压生产模拟中，由给定网格处的井底流压计算各个生产网格处的产量，通过射孔层段所经过的网格各处的产量叠加得到井此刻的产量；在定产量生产模拟中，将给定的井产量分给各个网格并计算各网格压力，得到各网格的产量。井的处理实际就是指差分方程中源汇项的求取。参考 4.3.2 节相关内容。

4.6.3 实际案例计算验证

1.模型求解

根据上述数学模型，用 MATLAB 编译高含硫双重介质气藏储层压力计算分析软件，进行储层部分气-水-液硫渗流数值模拟，程序计算界面如图 4-7 所示。

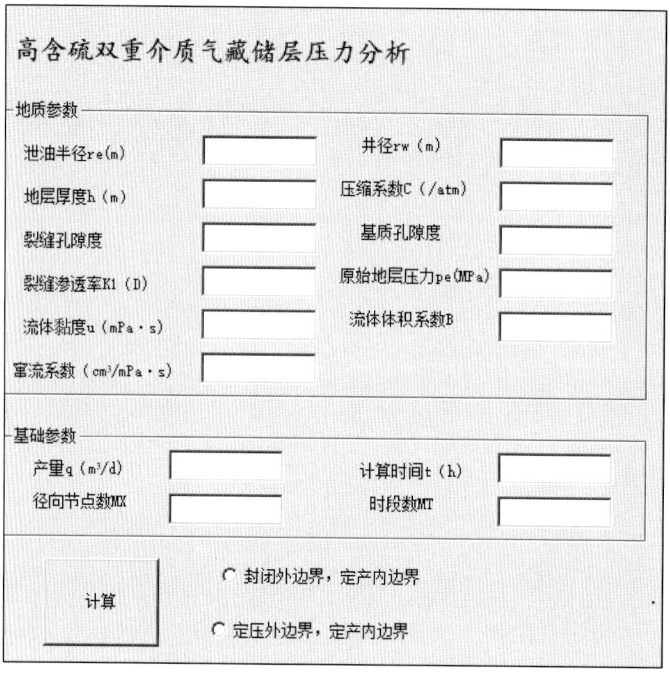

图 4-7 气-水-液硫渗流数值模拟界面

2.实例算例验证

选取一高含硫气田进行模型验证及部分影响因素分析。该气田属于碳酸盐岩类的高含硫气藏，原始储层地层压力为 55.17MPa，地层温度为 150℃，在此温度下元素硫在储层混合流体中析出，以液态存在，孔隙度为 8.75%，渗透率为 $1.63 \times 10^{-3} \mu m^2$。该储层以定产量 $65 \times 10^4 m^3/d$ 进行定产生产，具体参数及流体组分见表 4-4、表 4-5 及表 4-6。

表 4-4 气藏区块参数

参数	数值
气藏原始压力/MPa	50.17
气藏温度/℃	150
气藏初始含气饱和度	0.77
束缚水饱和度	0.23
气藏初始溶解元素硫浓度/(g/m^3)	2.74

续表

参数	数值
气藏有效厚度/m	100
气藏孔隙度	0.0875
气藏渗透率/μm^2	1.63×10^{-3}

表 4-5　井酸性气体组分及占比

组分	井流物占比/%
H_2S	14.99
H_2	0.01
N_2	0.43
CO_2	8.93
C_1	75.61
C_2	0.02
C_{3+}	0
He	0.01

表 4-6　相渗数据

S_w	K_{rg}	K_{rw}
0.2405	0.6302	0.0000
0.2981	0.4804	0.0165
0.3596	0.3487	0.0368
0.4197	0.2478	0.0674
0.4773	0.1702	0.1058
0.5386	0.1055	0.1390
0.5987	0.0639	0.1851
0.6575	0.0378	0.2260
0.7175	0.0195	0.2746
0.7775	0.0089	0.3311

按照上述地质数据建立模型进行模拟,网格数据见表 4-7。

表 4-7　网格数据表

网格维数	I 方向网格步长/m	J 方向网格步长/m	网格总数	模拟面积/km^2
25×25×2	50	50	1250	1.563

处于网格中间的井以 $65 \times 10^4 m^3/d$ 进行开采,当井底压力为 25MPa 时停产。由所建模型进行模拟可以得到该区块井底压力与时间关系的示意图。

从图 4-8 可以看出,针对该气藏用本书气-水-液硫渗流数学模型进行生产模拟时井底压力变化趋势与 Roberts（1997）文献中的模型大体一致，在生产模拟进行到后期时两曲线有较大区别。本书考虑了液硫的可流动性，在储层物性孔隙度和渗透率较高的情况下，液态硫沉积对储层伤害较小，而不考虑液硫的运移及流动性（即将液硫析出当作固硫析出在孔隙中存在），在开发后期有大量硫的集聚，会导致压力急剧下降，因此本书模型曲线在后期变化相对较缓，模型是可靠的。同时根据本书模型可得到网格处压力随井距的变化，井筒附近压力最低，有明显的压降漏斗存在，地层压降曲线图如图 4-9 所示。压降漏斗随着生产时间的增加而逐渐明显，从图 4-10 可看出，生产 3000d 时井网格内硫饱和度达到14.49%，近井地带压降较大导致硫析出量较大；图 4-11 为井网格溶解度与压力之间的关系，可看出溶解度随压力下降而降低。

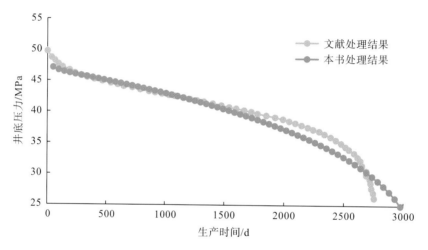

图 4-8　定产量模拟井底流压与生产时间的关系

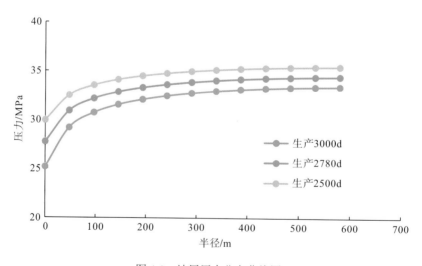

图 4-9　地层压力分布曲线图

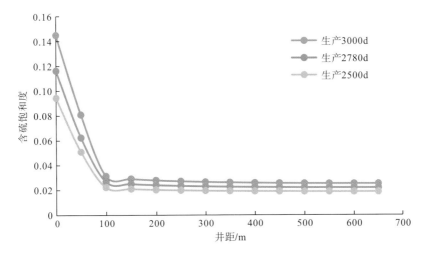

图 4-10　不同生产时间的含硫饱和度

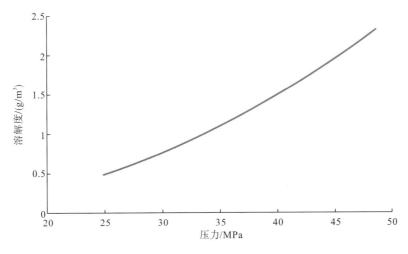

图 4-11　井网格溶解度与压力的关系图

图 4-12、图 4-13、图 4-14 分别表示生产 2500d、2780d、3000d 储层主要物性参数的分布。由图可知，储层压力、渗透率、孔隙度下降主要是发生在储层近井地带，同时元素硫在近井地带沉积最大。

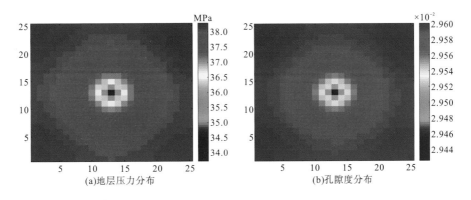

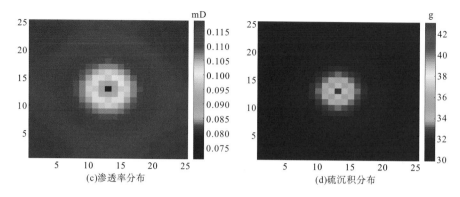

(c)渗透率分布　　　　　　　　(d)硫沉积分布

图4-12　生产2500d储层物性分布

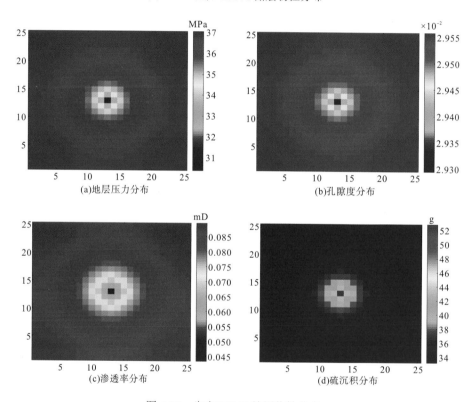

(a)地层压力分布　　　　　　　(b)孔隙度分布

(c)渗透率分布　　　　　　　　(d)硫沉积分布

图4-13　生产2780d储层物性分布

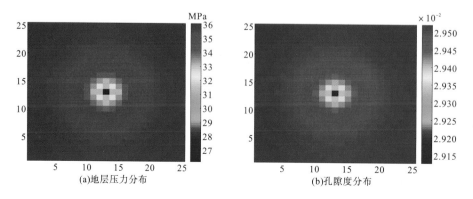

(a)地层压力分布　　　　　　　(b)孔隙度分布

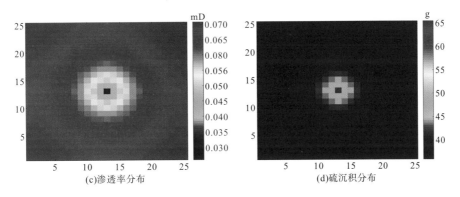

(c)渗透率分布　　　　　　　　(d)硫沉积分布

图 4-14　生产 3000d 储层物性分布

4.6.4　敏感性分析

1.配产对井底流压的影响

模型正确性验证后，分析配产 $55\times10^4m^3/d$、$65\times10^4m^3/d$、$75\times10^4m^3/d$ 对井底流压的影响。

由图 4-15 及表 4-8 可以看出，配产 $55\times10^4m^3/d$、$65\times10^4m^3/d$、$75\times10^4m^3/d$，生产时间分别为 3504d、3000d、2688d，即配产越大，气井生产时间越短；由表 4-8 可以看出，配产越大，生产期间累计采出量越大。

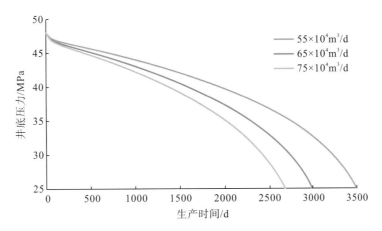

图 4-15　配产对井底流压影响

表 4-8　配产与生产时间关系

配产/(10^4m^3/d)	生产时间/d	累计采出量/(10^8m^3)
55	3504	19.272
65	3000	19.5
75	2688	20.16

2.初始含硫量对井底流压的影响

由所建立的模型，分别分析 0.5 倍初始硫含量、1 倍初始硫含量、1.5 倍初始硫含量对生产的影响。

由图 4-16 可以看出，0.5 倍初始硫含量、1 倍初始硫含量、1.5 倍初始硫含量生产的时间分别为 5856d、3000d、1344d；初始含硫量增加，生产时间会迅速下降；同一生产时间，初始硫含量越大，井底流压越小，因为初始硫含量越大，相同生产时间内液硫析出量越大，而硫的析出导致混合流体密度增大并对渗流通道产生影响；硫的存在对井底压力有较大影响。

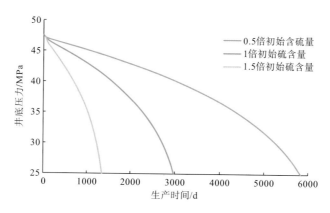

图 4-16　初始硫含量对井底流压的影响

3.产水量对井底流压的影响

通过所建模型分析产水量对生产时间的影响，分别分析不产水、产水 20m³/d、产水 40m³/d 对生产时间及井底流压的影响。

由图 4-17 及表 4-9 可以看出，不产水、产水 20m³/d、产水 40m³/d 达到关井压力时生产时间分别为 4176d、3000d、1728d，生产时间随日产水量增加而呈下降趋势，生产期间累计采出量呈下降趋势。这是由于产水量增加，储层混合流体密度增大，储层生产压差增大，气井生产时间降低。

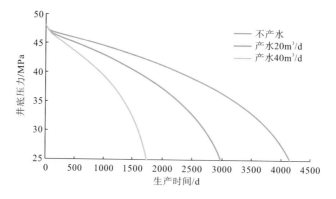

图 4-17　产水量对井底流压的影响

表 4-9　日产水量与生产时间的关系

产水量/(m³/d)	生产时间/d	累计采出量/(10⁸m³)
0	4176	27.144
20	3000	19.5
40	1728	11.232

第5章 高含硫气藏储层-井筒一体化
模拟实例分析

5.1 储层-井筒一体化模拟方法

高含硫气井生产流动过程可以分为两个阶段：①气藏-井筒流动；②井底-井口流动。生产过程中，近井地带-井筒系统一体化计算将连接这两个阶段进行生产动态分析，主要进行区间连续计算：①区域间一体化计算，即储层渗流与井筒流动在交界面保持质量、动量和能量的守恒和连续性，井筒管流压力损失和热量损失将影响储层渗流动态，储层渗流和井筒流动相互关联，相互影响；②区域内一体化计算，井筒内部温度场与压力场相互作用并随着空间、时间随时更新，储层部分硫的析出、沉积打破储层原有受力平衡，孔渗随之发生变化进而影响储层压力、流速分布特征，温度压力的改变又同时导致物性参数及硫元素的存在状态发生改变。通过一体化计算近井地带渗流和井筒流动的动态变化来确保模拟的准确性。

考虑到含硫储层-井筒系统流体流动及一体化计算部分的复杂性，采用区域分解将整个系统划分为储层(第 4 章所建立的气-水-液硫渗流数学模型)和井筒(第 3 章建立的高含硫气井井筒流体温度、压力耦合数学模型)两个简单子系统，分别建立并求解数学模型，并通过交界面条件(井底流压、产量等)联系起来。

考虑液硫存在的高含硫气藏近井地带及井筒一体化计算模型主要由两部分组成，一部分是第 4 章所述的高含硫气藏气-水-液硫渗流数学模型，另一部分是第 3 章所述的高含硫气井温度、压力数学模型。通过两个模型差分求解并结合井底压力进行一体化计算分析气藏生产动态。模拟求解思路如下：①假设储层井底压力为 p_{wf1}，通过第 4 章所建立的储层气-水-液硫渗流数学模型方程得出储层合理配产 Q、流体物性参数(如含硫溶解度、液硫析出量)等随生产时间及距井筒距离的动态变化；②以 Q 作为井口产量并结合第 4 章建立的井筒气-水-液硫、气-水-固硫流动的压降模型及流动耦合模型，求得井筒底部压力 p_{wf2}；③比较 p_{wf1} 与 p_{wf2} 是否满足精度要求，若满足精度要求，以此为该时间步内的真实配产，进行下一时间步预测；若不满足，令 $p_{wf1} = p_{wf2}$ 继续进行①②步一体化模拟计算，直至 p_{wf1} 与 p_{wf2} 收敛，得到此时储层及井筒各段压力、温度的动态变化数据；④输出一体化分析所需要的井底流压、硫溶解度等参数，结束运算。

图 5-1 为本书一体化模拟近井地带井筒压力、温度分布的流程图。

借助 MATLAB 软件编写程序，并将之前的高含硫气体物性参数、储层数值模拟和井筒温度、压力耦合计算整合到一体化程序中，累计实现有效代码近 4000 行，实现一体化模拟软件的编译，图 5-2 是该一体化程序界面。

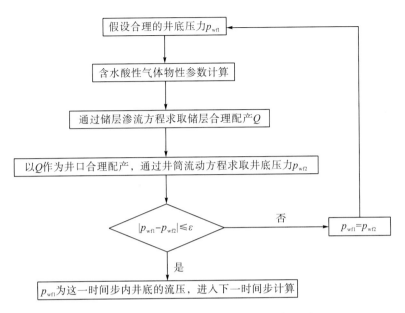

图 5-1　近井地带及井筒一体化模拟流程图

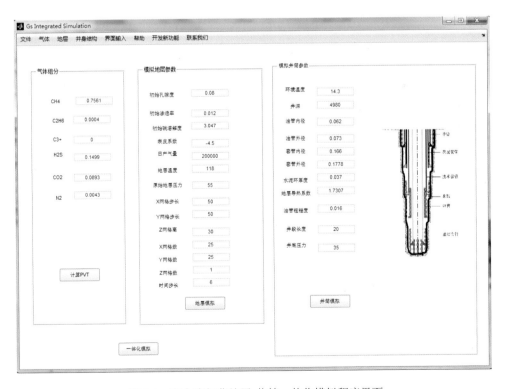

图 5-2　高含硫气藏储层-井筒一体化模拟程序界面

5.2 高含硫气藏储层-井筒气-固流动一体化模拟实例

5.2.1 硫析出/沉积对储层-井筒的影响

为了研究硫的析出/沉积对储层和井筒的影响，可以模拟定产条件下，对考虑硫析出/沉积与不考虑硫析出/沉积时气井的稳产时间以及井底压力、井口压力、井筒温度等参数进行对比，由于井底压力是通过储层数值模拟计算得到的，而井口压力和井筒温度是通过井筒温度模型得到的，因此以上这些参数的变化能够反映出考虑硫析出/沉积对储层和井筒的影响。建立如下的机理模型，其中气体组分选用第3章第4节的气体组分，其他模拟所需的参数见表5-1。

表 5-1 模拟计算参数表

参数	数值	参数	数值
储层压力/MPa	32	产气量/(m³/d)	10000
储层温度/℃	80	储层孔隙度	0.09
地面温度/℃	20	储层渗透率/μm²	0.015
井深/m	3000	初始含硫量/(g/m³)	0.4638
油管内径/mm	62	油管外径/mm	73
套管内径/mm	166	套管外径/mm	177.8
储层网格长度/m	20	储层网格高度/m	5
储层网格宽度/m	20	网格维数	13×13×1

图 5-3 是在给定产气量 10000m³/d，考虑硫沉积与不考虑硫沉积时的井底压力、井口压力随时间变化的曲线图，表 5-2 是对应模拟计算的井筒温度表。

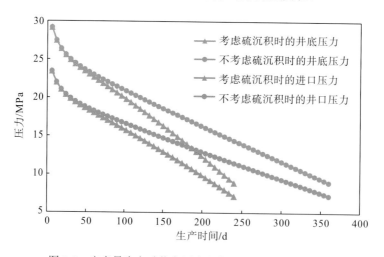

图 5-3 定产量生产时井底压力和井口压力随时间的变化

表 5-2　定产量生产时井筒温度分布

井深/m	不考虑硫沉积时的井筒温度/℃				考虑硫沉积时的井筒温度/℃		
	6d	120d	240d	360d	6d	120d	240d
0	27.187	26.981	26.811	26.574	27.187	26.941	26.571
500	37.270	37.066	36.896	36.657	37.270	37.026	36.654
1000	47.300	47.102	46.936	46.702	47.300	47.064	46.699
1500	57.183	57.003	56.849	56.632	57.183	56.967	56.629
2000	66.653	66.510	66.387	66.210	66.653	66.481	66.208
2500	74.959	74.883	74.817	74.721	74.959	74.868	74.720
3000	80	80	80	80	80	80	80

从图 5-3 可以看出，对应井底压力随时间的变化曲线与对应井口压力随时间的变化曲线变化趋势保持一致，这是因为计算的井筒压力沿井筒基本呈现线性分布。考虑硫沉积时井底(井口)压力曲线斜率明显要大于不考虑硫沉积时的井底(井口)压力曲线斜率，说明考虑硫沉积时压力降低更快。反映在具体时间上，在考虑硫沉积时，生产到 240d 时井底压力为 8.8MPa，对应井口压力为 7.2MPa，再模拟计算则会报错，说明已经达到极限，因此在该产量下考虑硫沉积时井的稳产极限时间为 240d；在不考虑硫沉积时，生产到 360d 时井底压力为 8.9MPa，对应井底压力为 7.2MPa，再模拟计算则会报错，说明不考虑硫沉积时稳产时间为 360d，因此硫沉积缩短了气井的稳产时间。

从表 5-2 中可以看出，随着生产的进行，考虑硫析出/沉积和不考虑硫析出/沉积的井筒的温度都在逐渐降低，但降低幅度很小。在同一个模拟时间节点，考虑硫沉积计算的温度比不考虑硫沉积时的温度略小一些，其差值在井口处最大，如在 120d，两者在井口处相差 0.04℃，而在生产的末期考虑硫沉积(240d)与不考虑硫沉积(360d)的温度值差距很小，仅为 0.003℃，影响可以忽略不计。考虑到本例中初始硫含量就很低，所以很有可能是因为井筒中的硫量相对于气体太少，对井筒温度基本没有影响。

为了模拟硫的析出/沉积量对储层/井筒的影响，可以通过调整初始含硫量，并假设初始元素硫的溶解处于饱和状态来进行模拟。本书选用 1 倍初始硫含量($0.4638g/m^3$)、2 倍初始含硫量($0.9276g/m^3$)、5 倍初始含硫量($2.319g/m^3$)来模拟定产($10000m^3/d$)生产。

对比图 5-4、图 5-5 中井底压力和井口压力的变化，可以看出在相同定产量生产时，1 倍初始含硫量稳产时间为 240d，2 倍初始含硫量的稳产时间是 198d，比 1 倍初始含硫量稳产时间缩短 42d；5 倍初始含硫量的稳产时间为 150d，比 1 倍初始含硫量稳产时间缩短 90d。说明初始含硫量越大气井的稳产时间越短，这是因为初始含硫量越大，析出的硫越多，对储层的伤害越大，造成稳产时间减少。

图 5-6 和表 5-3 分别反映了不同初始含硫量定产生产时井口温度的变化和不同初始含硫量模拟在定产生产末期的井筒温度，通过对比可以发现，初始含硫量越大，析出的硫越多，对应的井筒温度越低，这说明更多的固态硫析出造成气体热量损失更多一些。本例虽然提高了初始含硫量，但是相对于气体的体积，析出的硫的体积还是微乎其微，所以总的来说对温度的影响还是很小。

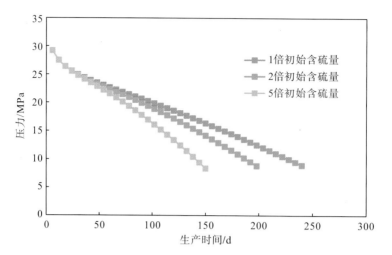

图 5-4　不同初始含硫量定产生产时井底压力的变化

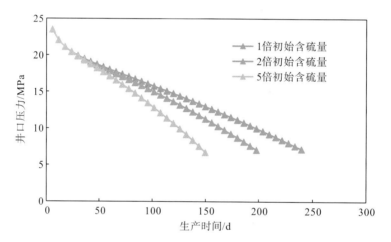

图 5-5　不同初始含硫量定产生产时井口压力的变化

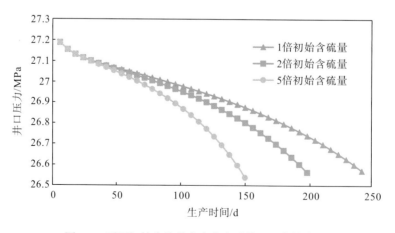

图 5-6　不同初始含硫量定产生产时井口温度的变化

表 5-3　不同初始含硫量定产末期井筒温度分布

井深/m	井筒温度/℃		
	1 倍初始含硫量	2 倍初始含硫量	5 倍初始含硫量
0	26.571	26.563	26.537
500	36.654	36.647	36.621
1000	46.699	46.692	46.666
1500	56.629	56.622	56.598
2000	66.208	66.202	66.182
2500	74.720	74.716	74.706
3000	80.000	80.000	80.000

5.2.2　储层-井筒气-固流动一体化模拟实例分析

以四川盆地川东北某高含硫气藏为例，该气藏属于海相碳酸盐岩气藏，气藏所在地面年平均气温 14.3℃，气藏局部发育有裂缝，因此具有双重介质特征。储层整体储层物性较好，平均孔隙度 8.1%，平均渗透率 $94.4 \times 10^{-3} \mu m^2$。从几口井的流体成分来看，几口井的成分比较相似，$H_2S$ 的含量为 98～145g/m^3。选取 X1 井及所在区域进行模拟计算，X1 井的井流物及井的参数见表 5-4 和表 5-5。

表 5-4　X1 井井流物组成

气体成分	C_1	C_2	N_2	H_2S	CO_2	H_2
摩尔分数/%	75.61	0.04	0.42	14.99	8.93	0.01

表 5-5　X1 井及储层参数

X1 井参数类型	具体数据
油管侧深/m	4980
油管内径/m	0.062
储层压力/MPa	55
储层温度/℃	118
平均孔隙度	0.08
平均渗透率/μm^2	0.012
初始含硫量/(g/m^3)	3.09

为了研究硫沉积对该区块储层参数以及井筒参数的影响，建立表 5-6 中参数的地质模型。

表 5-6　一体化模拟网格参数

储层网格				井筒网格		
网格总数	网格维数	网格步长/m	模拟面积/km^2	网格步长	网格个数	模拟井深
625	25×25×1	50	1.5625	20	249	4980

　　模型以定产量生产，主要模拟在定产生产期间一些参数的变化情况。并根据所建立的模型，假设该气田开始已经饱和有元素硫。图 5-7～图 5-11 是井所在网格的一些主要参数的变化，图 5-12～图 5-14 是储层主要参数在定产生产前期、中期和后期的变化情况，图 5-15、图 5-16 是井筒压力、温度随模拟时间变化的剖面图，表 5-7 是井口温度、压力与生产时间的关系数据。

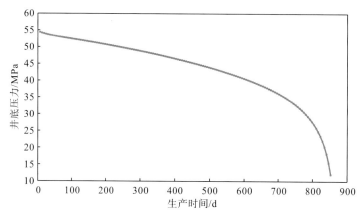

图 5-7　井底压力随时间的变化

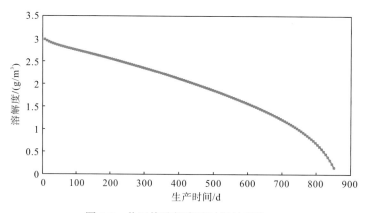

图 5-8　井网格溶解度随时间的变化

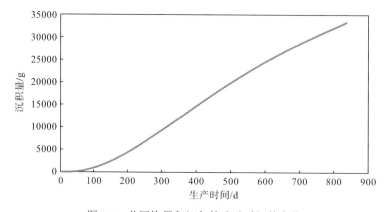

图 5-9　井网格累积沉积的硫随时间的变化

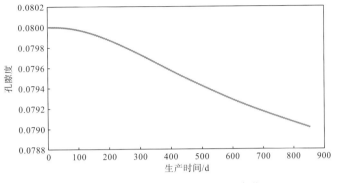

图 5-10　井网格孔隙度随时间的变化

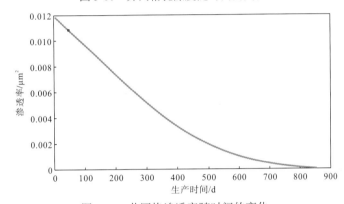

图 5-11　井网格渗透率随时间的变化

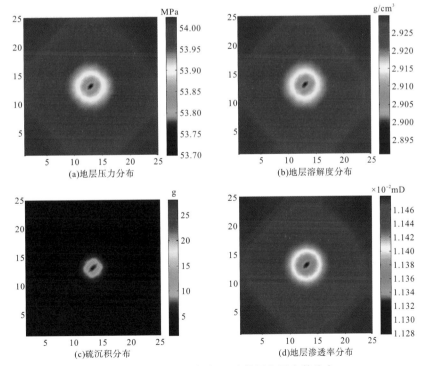

图 5-12　定产初期(生产 30d)储层主要参数分布

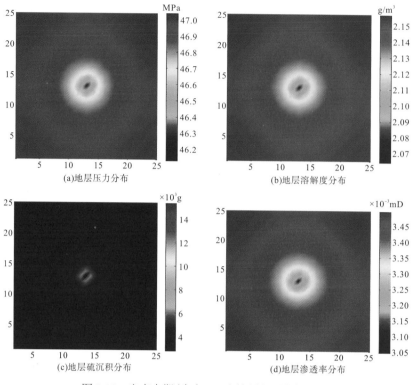

图 5-13　定产中期(生产 420d)储层主要参数分布

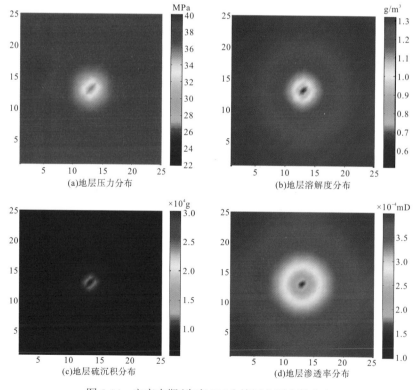

图 5-14　定产末期(生产 822d)储层主要参数分布

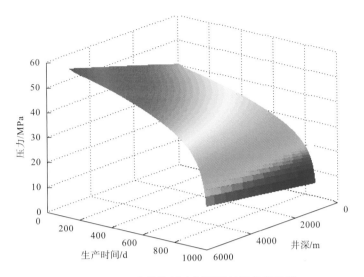

图 5-15　X1 井井筒压力剖面随时间的变化图

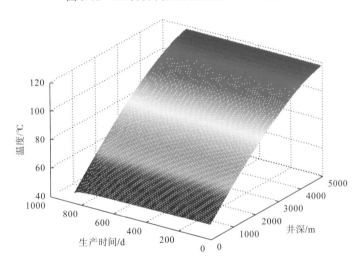

图 5-16　X1 井井筒温度剖面随时间的变化图

表 5-7　X1 井井口温度、压力与生产时间的关系

生产时间/d	井口压力/MPa	井口温度/℃
6	40.38	50.746
30	39.73	50.714
300	35.54	50.492
600	28.61	50.061
750	22.31	49.566
822	15.10	48.791
852	5.25	46.929
858	—	—

从图 5-7 可以看出，X1 井以定产量生产时，井底压力逐渐降低，开始时井底压力降低速度比较缓慢，而到了后期(生产 700d 左右)，井底压力开始迅速下降，生产 852d 时，

井底压力已经降低到 11.90MPa。

从图 5-8 可以看出,定产生产期间井所在网格硫的溶解度由开始的 3.09g/m³ 逐渐下降,到 852d 已经下降到 0.15g/m³,由于不考虑储层温度的变化以及气体组分的变化,因此溶解度是关于压力的正相关函数,所以溶解度的变化趋势与井底压力的变化趋势一致。

从图 5-9～图 5-11 可以看出,定产生产期间井网格的累积硫沉积量从开始的 0g 逐渐增多,到 852d 网格硫的沉积量已经达到 33282g,井网格孔隙度由开始的 0.0800 下降到 0.0790,井网格渗透率从开始的 0.012μm² 下降到 0.0475×10⁻³μm²,说明硫沉积对于储层渗透率有很大的影响,严重影响了流体的流动性。

从图 5-12～图 5-14 中储层主要参数在定产生产前期、中期和后期的一些变化可以看出,储层压力、硫溶解度、储层渗透率都是在近井地带降低最快,而元素硫在近井地带沉积量最大,因此硫沉积主要发生在近井地带。

从图 5-15、图 5-16 可以看出,在同一生产时间节点下,X1 井的井筒压力和井筒温度都是沿着井筒向上逐渐降低。井筒压力随着井深呈线性分布特征,而温度则是非线性分布,呈一曲线特征。

从表 5-7 中可以看出,随着生产的进行,井筒温度、压力逐渐降低,其中井口压力从开始的 40.38MPa 下降到 852d 的 5.25MPa,变化较大;而井筒温度从开始的 50.746 ℃下降到最后的 46.929℃,下降幅度较小。如果继续模拟下去,计算出的井口压力就会出现负值,说明 X1 井在 20×10⁴m³/d 的产气量情况下,定产生产的极限时间为 852d。

图 5-17 是 X1 井流体物性参数随井深和时间的变化,其中流体黏度和流体密度随着生

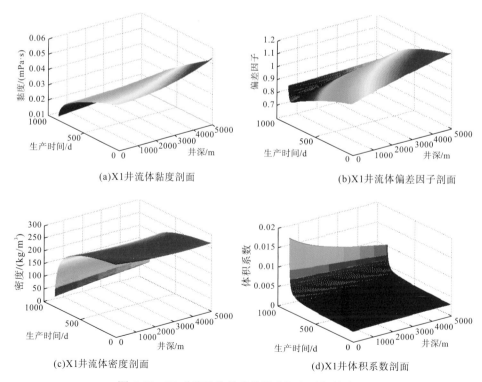

(a)X1井流体黏度剖面　　　　　　　　　　(b)X1井流体偏差因子剖面

(c)X1井流体密度剖面　　　　　　　　　　(d)X1井体积系数剖面

图 5-17　X1 井流体物性参数随井深与时间的变化

产进行逐渐降低，而体积系数逐渐增大，偏差因子开始减小，最后又有小幅度增加，这是因为随着生产进行，井筒压力逐渐降低。

5.3　高含硫气藏储层-井筒气-液硫渗流一体化模拟实例

本书以西川盆地元坝 A 井高含硫气藏为例。元坝气田位于四川省苍溪县和阆中市境内，处于四川盆地川中低缓构造带和川北拗陷的结合部中，该气田处于通南巴背斜构造带、九龙背斜构造带及阆中凸起组合中，具有圈闭不发育、断层不发育、仅有较小低幅构造组成的特点。

元坝 A 井是一口位于 X 号礁带的直井，井口地面海拔 674m，补心高 9m，设计井深 7060m，主要目的层以上二叠统长兴组、下三叠统飞仙关组为主，完井方式采用套管完井。该地层古老，埋藏深并且结构复杂。该气藏是碳酸盐岩气藏，钻遇储层发育有裂缝，具有裂缝-基质双重介质特征，气藏储层温度为 152.2℃，平均储层压力为 67.96MPa，气藏平均孔隙度为 4.4%，渗透率分布范围为 0.0028～1720.7187mD，主峰值范围为 0.01～0.1mD。经实验测得元坝 A 井天然气中硫含量为 $1.5794g/m^3$。

5.3.1　模型基本数据

1.气藏流体组分

本次模拟所用 A 井流体组分参数见表 5-8。

表 5-8　A 井流体组分参数表

气体组分	CO_2	H_2S	C_1	C_2	C_{3+}	N_2	H_2
摩尔分数/%	3.229	4.8	91.58	0.034	0.01	0.337	0.01

2.模型其他基本参数

本次模拟所建立模型用到的其他基本参数如表 5-9 及表 5-10 所示。

表 5-9　相渗数据

S_g	K_{rg}	K_{rw}
0.1608	0.0000	0.3553
0.2771	0.0096	0.1303
0.3662	0.0494	0.0480
0.4305	0.1413	0.0151
0.4602	0.2044	0.0082
0.4887	0.2963	0.0039
0.5270	0.3896	0.0014
0.5480	0.4157	0.0009

表 5-10　模型其他参数

参数类型	数值
实际井深/m	7060
井径/m	0.072
原始储层压力/MPa	67.96
原始储层温度/℃	156.2
基质孔隙度/%	8.8
平均渗透率/mD	1.18
产气量/(10^4m^3/d)	30
产水量/(m^3/d)	3
初始含硫量/(g/m^3)	1.5794
岩石压缩系数/MPa^{-1}	1.2×10^{-4}
束缚水饱和度	0.281
初始含气饱和度	0.719
硫颗粒粒径/μm	100

3.模型网格数据

本次模拟所建储层模型网格为 25×25×1，如表 5-11 所示。生产井 A 井位于储层网格模型正中心(13，13)位置；直井井筒段模拟井深为 7060m，网格步长为 20m，网格个数为353 个。

表 5-11　储层模型区域网格

网格维数	N_x	N_y	N_z	D_x/m	D_y/m
25×25×1	25	25	1	50	50

图 5-18 是储层地质模型平面网格分布图，红色点是生产井位置，位于平面网格正中心(13，13)。

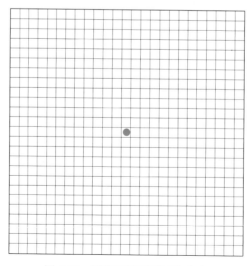

图 5-18　模拟区域平面网格分布

5.3.2　近井地带及井筒一体化预测分析

通过实例井计算与本书模型对比,可知本书模型能够较好预测高含硫气藏储层部分的气-液硫渗流,采用元坝 A 井基础数据及井口生产数据来对模型可靠性进行验证,同时对该气井生产过程的动态数据进行分析。

元坝 A 井配产为 $30×10^4 m^3/d$,按照现场提供的 A 井生产资料,本次模拟预测开始时间为 2016 年 11 月 30 日,可得到气井生产时间、井底流压及累计产气量情况。

5.3.3　模型正确性验证

利用 A 井基础数据,根据高含硫气藏渗流方程及井筒流动方程建立一体化模型预测 A 井井底流压变化。由图 5-19 可以看出,通过本书一体化计算模型,储层及井筒模型计算得到的井底流压有较好的吻合性,模拟生产 3384d,井底流压相差 0.03MPa,满足精度要求,证明本书一体化计算模型能对 A 井井底流压进行预测分析。

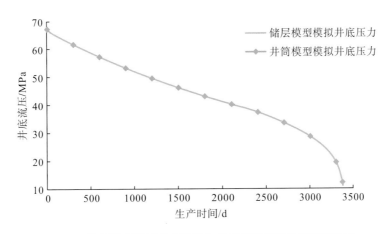

图 5-19　储层模型模拟井底流压与井筒模型模拟井底流压对比

分别分析混合流体中元素硫及水对一体化计算的影响。由图 5-20 可以看出,混合流体中不析出液硫时,井底流压基本呈线性分布。模拟生产 2286d 有元素硫析出的储层计算的井底流压小于未析出硫的储层计算的井底流压,井筒含硫计算的井底流压略低于井筒不含硫计算的井底流压,这是由于液硫吸附对储层渗流造成影响,而井筒存在液硫会使混合流体密度增大,导致压降增加。因此元素硫对一体化模拟高含硫气藏有一定影响。由图 5-21 可以看出,含水储层模拟的井底流压值略低于不含水储层计算的井底流压,含水井筒计算的井底流压略低于不含水井筒计算的井底流压。故在高含硫近井地带井筒一体化研究过程中应该考虑元素硫的析出及是否含水。

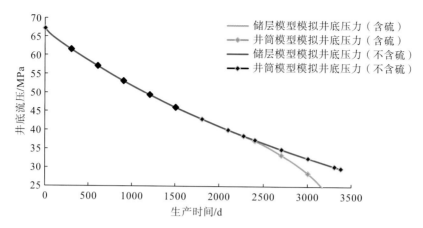

图 5-20   元素硫对储层井筒预测井底流压的影响

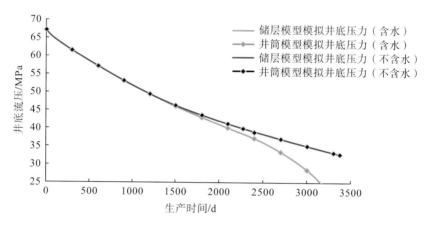

图 5-21   产水对储层井筒预测井底流压影响

表 5-12 是本书模拟气井生产时间、井底流压及累计产气量的情况。可以看出,生产6d、366d、722d 实际累计产气量与模拟累计产气量误差分别为:5.26%、2.73%、1.28%。

表 5-12   生产动态预测

生产时间/d	井底流压/MPa	累计产气量/($10^8 m^3$)	实际累计产气量/($10^8 m^3$)	误差/%
6	67.16	0.018	0.019	5.26
366	60.64	1.095	1.1257	2.73
726	55.49	2.19	2.2184	1.28
1098	50.74	3.285		
1464	46.56	4.38		
1824	42.83	5.475		
2190	39.35	6.57		
2556	35.49	7.665		
2928	30.00	8.76		
3282	20.70	9.855		
3384	10.92	10.161		

5.3.4　液硫对近井地带渗流影响

通过本书一体化模拟模型，对高含硫气井近井地带渗流参数进行预测分析。

图 5-22 为元坝 A 井硫溶解度随生产时间变化的曲线图，硫溶解度随着生产时间呈下降趋势，生产 3384d 溶解度从初始 4.707g/m³ 降至 0.086 g/m³。由 A 井初始数据可以知道，元坝 A 井天然气中初始硫含量为 1.5794g/m³，当生产 2286d 时，储层部分硫溶解度达到初始硫含量，地层会析出硫，且此时储层温度为 152.2℃，压力为 40.02MPa，大于此压力、温度则析出的硫为液硫。图 5-23 为硫溶解度随压力变化的示意图，表明随着地层压力降低硫溶解度呈减小趋势，即硫溶解度与压力呈正相关关系。

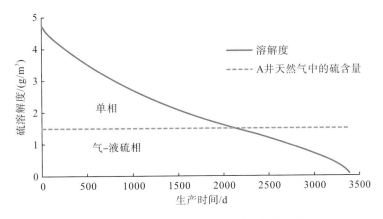

图 5-22　井网格溶解度与生产时间的关系图

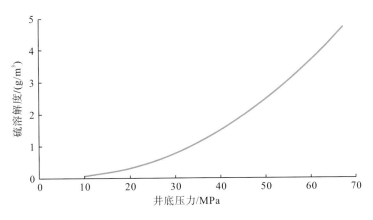

图 5-23　井网格溶解度与压力关系图

由图 5-24 可知，储层裂缝部分液硫吸附量从 2286d 开始逐渐增加，表明随着储层压力下降，井底流压逐渐降低，导致硫溶解度下降，储层液硫析出后，优先吸附于高渗透的裂缝系统内壁上，生产 3384d 吸附 25kg 左右。液硫析出不易发生吸附沉积，能够在储层形成气-液硫两相渗流。

由图 5-25 可知，在 2286d 发生吸附后，吸附液硫的体积对孔隙体积造成影响(不考虑液硫在储层条件下发生形变），导致孔隙体积减小，孔隙度由最初的 0.0880 下降到 0.0874 左右。由图 5-26 可知，渗透率随生产时间增加而下降，表明液硫析出对储层流体流动能力有一定影响。

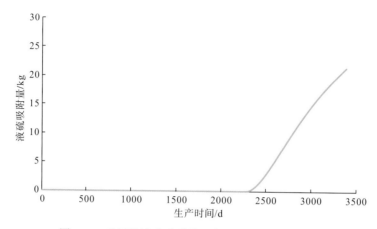

图 5-24   井网格液硫吸附量随生产时间的关系图

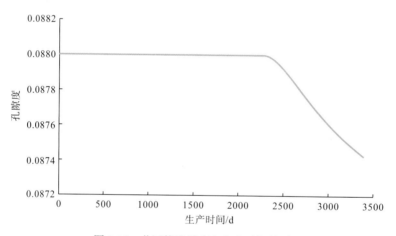

图 5-25   井网格孔隙度与生产时间关系图

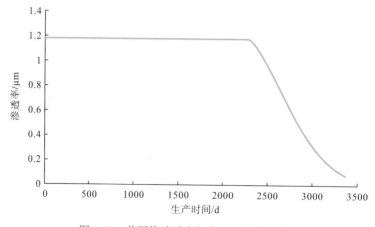

图 5-26   井网格渗透率与生产时间关系图

　　由图 5-27 可看出，定产 $30 \times 10^4 m^3/d$ 生产 1980d，井底流压为 37.65MPa，生产 3384d 井底流压为 12MPa 左右，达到模拟设定的关井压力，生产压差随着生产时间的增加呈增大趋势。在储层距井筒距离径向分布上，可以看出井筒附近压力值最小，压降漏斗较明显，随着生产时间的增加，压降漏斗越来越明显。

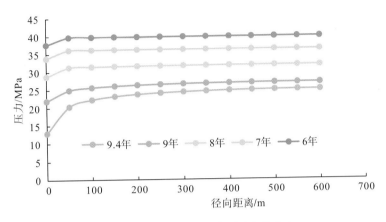

图 5-27　不同生产时间地层压力的分布

　　图 5-28 为该井含硫饱和度分布曲线图，生产 3384d(稳产末期)井筒周围含硫饱和度为 1.004%，含硫饱和度随径向距离增大而迅速下降，距井筒 600m 处含硫饱和度大约为 0.0057%，因此可得出该井所处地层液硫析出对储层伤害较小。

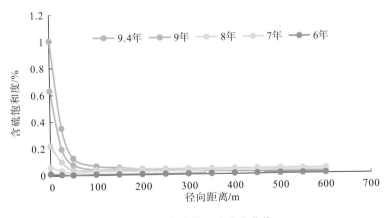

图 5-28　含硫饱和度分布曲线

　　图 5-29、图 5-30、图 5-31 分别表示生产 7 年、8 年、9.4 年(关井)时，储层部分主要参数分布，可以看出，储层压力、渗透率、孔隙度下降主要是发生在储层近井地带，而元素硫在近井地带沉积最大。

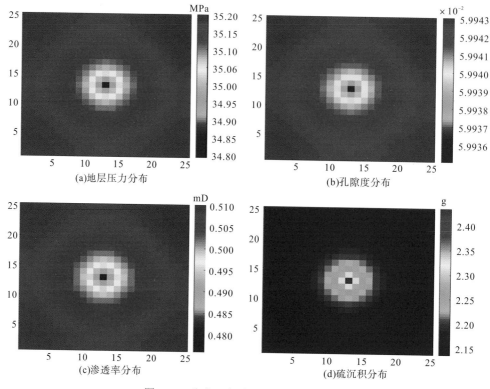

图 5-29　生产 7 年时主要储层物性分布

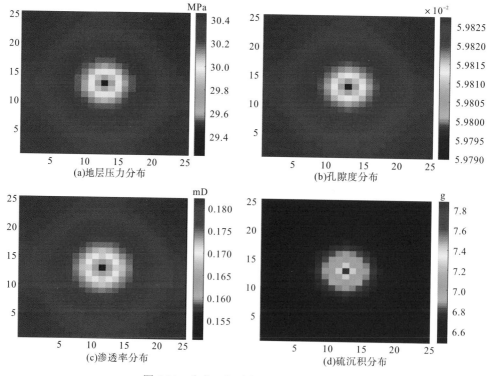

图 5-30　生产 8 年时主要储层物性分布

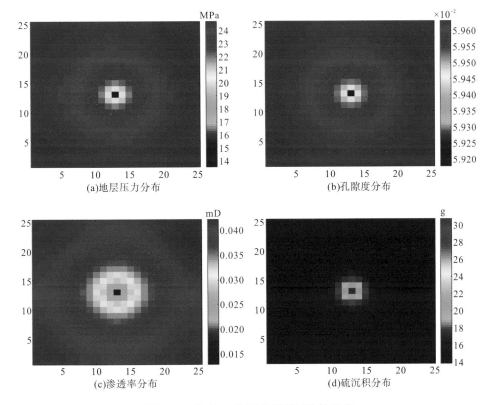

图 5-31　生产 9.4 年时主要储层物性分布

5.3.5　硫对井筒混合流体流动影响

对井底压力随生产时间的递减规律进行研究并预测模拟，在生产中能够更好的预测气井生产多久进入定压生产，能够对气井能量的变化进行预测，对气井稳产能力及稳产时间工作制度进行合理调配。采用本书建立的井筒压力、温度耦合模型及井筒气-液硫井筒流动模型进行分析。

由表 5-13 中的数据可以看出，元坝 A 井生产 731d，实际井口温度呈下降趋势，共下降 0.4℃，而模拟结果显示井口温度也呈下降趋势，下降 0.45℃，两者相差 0.05℃，该误差可能由实际气井生产受多种因素干扰及基础参数取值误差等引起，误差较小可忽略，认为本书模拟结果能够较好的预测井口温度变化；生产 731d 井口压力下降 10.4MPa，模拟结果显示井口压力下降 10.04MPa，这是由于实际气井生产制度等引起波动导致井筒混合物摩擦损失，因此气井生产 731d 井口压降会略小于本书模型计算值，误差较小可忽略，即认为本书模型能够较好的预测 A 井井筒压力随生产时间的变化关系。图 5-32、图 5-33是由本书模型计算得到的井筒压力、温度剖面图。

表 5-13　实际生产与模拟井口压力分布

生产时间/d	实际井口温度/℃	模拟井口温度/℃	实际井口压力值/MPa	模拟井口压力值/MPa
6	44.90	45.06	44.04	43.80

生产时间/d	实际井口温度/℃	模拟井口温度/℃	实际井口压力值/MPa	模拟井口压力值/MPa
30	44.70	45.04	42.29	43.13
90	45.60	44.99	40.16	41.99
180	45.50	44.93	39.12	40.69
270	44.10	44.88	38.19	39.47
360	44.70	44.83	38.23	38.30
450	44.80	44.77	36.96	37.16
540	44.70	44.72	36.02	36.06
630	46.90	44.67	35.12	34.99
720	44.60	44.62	33.78	33.96
731	44.50	44.61	33.64	33.76

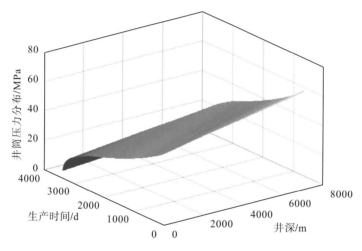

图 5-32　A 井井筒压力与生产时间关系图

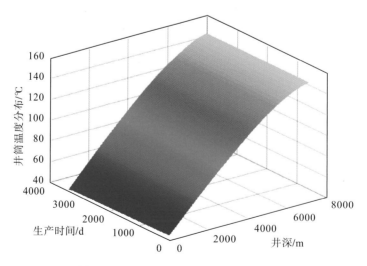

图 5-33　A 井井筒温度与生产时间关系图

由图 5-34 可知，定产气量 $30×10^4m^3/d$、井底流压降低至 67.1054MPa 时，井底 7060m 处 A 井气体中硫溶解度为 $3.9037g/m^3$，溶解度沿井底向井口呈下降趋势，井口气体中硫溶解度只有 $0.0101g/m^3$；井深 4880m 处 A 井气体中硫溶解度小于 A 井天然气中的含硫量（$1.5794g/m^3$），且此时井筒温度高于此压力、温度条件下硫的凝固点，硫以液态析出，井筒中形成气-液硫两相流；井深 3820m 处，井筒流体温度为 118℃，液硫相变为固相，流体为气-固硫运动；4880～7060m 处呈单一气相；3820～4880m 处呈气-液硫两相流动；3820m 至井口处呈气-固硫两相流动。

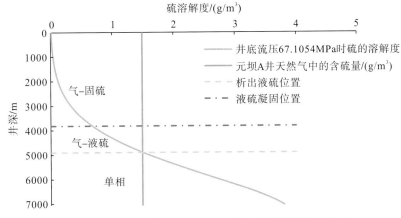

图 5-34　井底流压为 67.1054MPa 时 A 井井筒的相态分布

由图 5-35 可知，定产气量 $30×10^4m^3/d$，当井底流压降低至 50MPa 时，井底 7060m 处 A 井气体中硫溶解度为 $2.6366g/m^3$，溶解度沿井底向井口呈下降趋势，井口气体中硫溶解度只有 $0.0065g/m^3$；井深 5540m 处 A 井气体中硫溶解度小于 A 井天然气中的含硫量（$1.5794g/m^3$），且此时井筒温度高于此压力、温度条件下硫的凝固点，硫以液态析出，井筒中形成气-液硫两相流；井深 3860m 处，井筒流体温度为 118℃，液硫相变为固相，流体为气-固硫运动；5540～7060m 呈单一气相；3860～5540m 成气-液硫两相流动；3860m 至井口呈气-固硫两相流动。

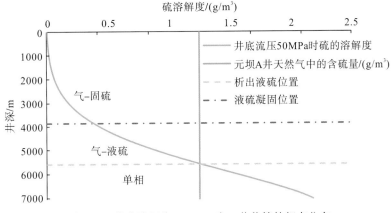

图 5-35　井底流压为 50MPa 时 A 井井筒的相态分布

由图 5-36 可知，定产气量 $30×10^4m^3/d$，当井底流压降低至 25MPa 时，井底 7060m 处 A 井气体中硫溶解度为 $0.9189g/m^3$，溶解度沿井底向井口呈下降趋势，井口气体中的硫溶解度只有 $0.0014g/m^3$；井深 7060m 处 A 井气体中硫溶解度小于 A 井天然气中含硫量（$1.5794g/m^3$），且此时井筒温度高于此压力、温度条件下硫的凝固点，硫以液态析出，井筒中形成气-液硫两相流；井深 3920m 处，井筒流体温度为 118℃，液硫相变为固相，流体为气-固硫运动；3920～7060m 处呈气-液硫相流动；3920m 至井口呈气-固硫两相流动。无单相气流动区。当井底流压降至关井压力 12MPa 时，井底硫溶解度远小于井底气体中的元素硫溶解度，井筒中流体流动状态与 25MPa 时相似，无单一气相，区别在于气-液硫流动和气-固硫流动分界面为 3960m，即 3960～7060m 处呈气-液硫流动，3960m 至井口呈气-固硫流动。

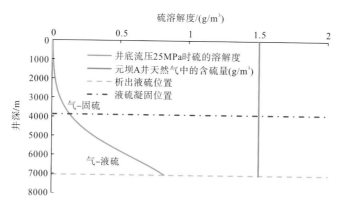

图 5-36　井底流压为 25MPa 时 A 井井筒的相态分布

从图 5-34、图 5-35、图 5-36 可以看出，在不同井段压力、温度变化导致硫溶解度变化，从而井筒中的流动会呈现气-固硫-液硫流动，当温度大于硫凝固点 118℃ 时，硫呈液态，随着生产时间进行，固硫-液硫分界面（井筒温度为 118℃）所处井段呈向井底下移趋势。

由图 5-37、图 5-38 可知，在井底，152.2℃ 时流体偏差因子、密度与压力呈正相关，随井底流压的降低而呈减小趋势。

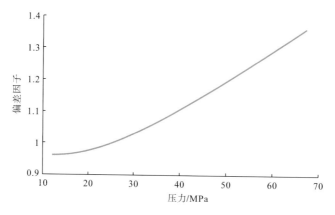

图 5-37　A 井井筒底部 152.2℃ 时偏差因子与压力关系图

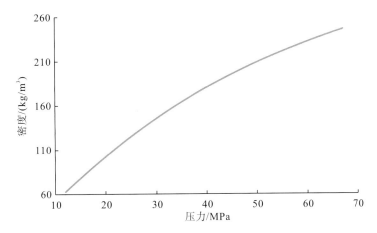

图 5-38　A 井井筒底部 152.2℃时气体密度与压力关系图

5.3.6　一体化生产动态研究

1.配产对气井温度压力的影响

根据前文建立的一体化生产动态模拟模型，分析配产分别为 $30 \times 10^4 \mathrm{m}^3/\mathrm{d}$、$40 \times 10^4 \mathrm{m}^3/\mathrm{d}$、$50 \times 10^4 \mathrm{m}^3/\mathrm{d}$、$60 \times 10^4 \mathrm{m}^3/\mathrm{d}$ 对气井生产时间及采出量的影响，结果如图 5-39 及表 5-14 所示。

由图 5-39 可以看出，配产为 $30 \times 10^4 \mathrm{m}^3/\mathrm{d}$、$40 \times 10^4 \mathrm{m}^3/\mathrm{d}$、$50 \times 10^4 \mathrm{m}^3/\mathrm{d}$、$60 \times 10^4 \mathrm{m}^3/\mathrm{d}$ 时，生产时间分别为 3384d、2562d、2070d 及 1734d，生产时间随着配产增加呈下降趋势。由表 5-14 可以看出，同一口井配产量增加，生产期间累计采出量呈增大趋势，增大幅度较小。

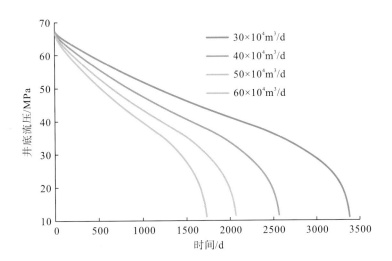

图 5-39　配产与气井 A 井井底流压的关系图

表 5-14　配产与气井生产关系

配产/$(10^4 m^3/d)$	生产时间/d	累计采出量/$(10^8 m^3)$
30	3384	10.15
40	2562	10.24
50	2070	10.35
60	1734	10.41

由图 5-40、图 5-41 及表 5-15 可以看出，日产气量的改变对井筒温度、压力分布有一定影响。A 井以不同日产气量（$30 \times 10^4 m^3/d$、$40 \times 10^4 m^3/d$、$50 \times 10^4 m^3/d$）生产 1500d 时，井筒的压力梯度相同，井底流压随日产气量增加而下降；同一生产时间，井底流压随产量增加而呈下降趋势，这是由于该井产气量增加，持气率变大，混合流体密度降低导致重力压降降低，井底流压降低，故该井井筒压降降低；井口温度随产量增加呈上升趋势，井底温度变化较小，是由于产量增加，热损失减小。

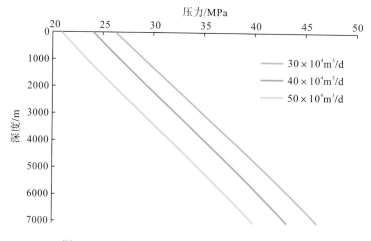

图 5-40　A 井生产 1500d 不同配产井筒压力分布

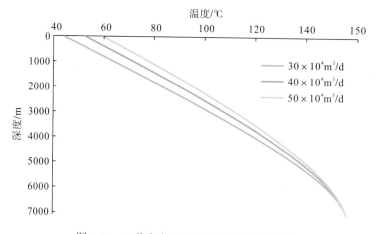

图 5-41　A 井生产 1500d 不同配产温度分布

表 5-15　生产 1500d 配产对井筒压力温度影响

配产/($10^4m^3/d$)	井口压力/MPa	井底压力/MPa	压差/MPa	井口温度/℃	井底温度/℃	温差/℃
30	26.279	46.13	19.851	44.189	156.04	111.851
40	24.07	43.19	19.12	52.62	156.03	103.41
50	20.94	39.49	18.45	59.75	156.02	96.27

2.产水量对气井生产动态影响

根据本书建立的一体化计算模型分别选取不产水、产水 $3m^3/d$、产水 $6m^3/d$ 模拟分析产水量对气井生产动态的影响。

由图 5-42 可以看出，同一产水量，井底流压随生产时间增加呈下降趋势；同一生产时间，随产水量增加井底流压同样呈下降趋势。

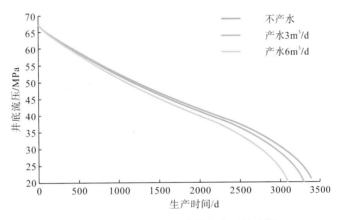

图 5-42　产水量与气井 A 井井底流压关系图

由图 5-43、图 5-44 及表 5-16 可以看出，井筒压力随井深增加呈上升趋势，井口压力和井底流压均随产水量增加而降低，但井底流压与井口压力差值随产水量增加而呈上升趋势；产水量对温度几乎没有影响。这是由于产水量增加导致井筒部分混合流体密度增加，从而井筒压降增大；较少产水量对混合流体比热影响较小，故对井筒温度影响不大。

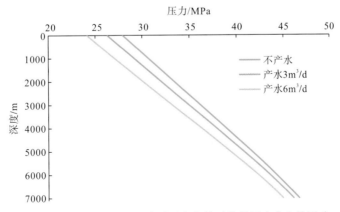

图 5-43　A 井生产 1500d 时不同产水量对井筒压力分布的影响

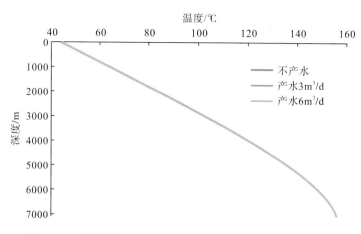

图 5-44　A 井生产 1500d 时不同产水量对井筒温度分布的影响

表 5-16　生产 1500d 产水量对井筒压力温度影响

产水量/(m³/d)	井口压力/MPa	井底压力/MPa	压差/MPa	井口温度/℃	井底温度/℃	温差/℃
0	27.9	46.72	18.82	44.13	156.03	111.9
3	26.28	46.13	19.85	44.19	156.03	111.84
6	24.07	44.98	20.91	44.21	156.03	111.82

3.初始硫含量对气井生产动态影响

根据本书建立的一体化计算模型分别选取 1 倍初始硫含量、1.5 倍初始硫含量及 2 倍初始硫含量模拟分析流体初始硫含量对气井生产动态的影响。

由图 5-45、图 5-46、图 5-47 可知，随着初始硫含量增加气井生产时间逐渐减少，而流体溶解元素硫量对井筒温度分布影响不大，但对气井井筒中的压力分布影响较大，主要是随着初始硫含量增加，气井中析出硫量会增加，导致气-液硫、气-固硫混合流动流体密度增大，导致随初始硫含量增加井筒压力呈下降趋势。

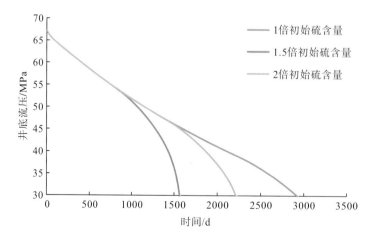

图 5-45　A 井不同初始硫含量与气井生产时间关系图

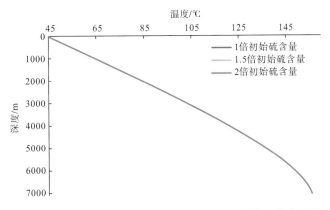

图 5-46　A 井生产 30d 不同初始硫含量与井筒压力分布图

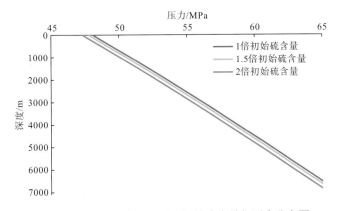

图 5-47　A 井生产 30d 不同初始硫含量与压力分布图

4.气藏混合流体硫化氢含量对生产影响

针对本书模型，分别分析 0.5 倍硫化氢、1 倍硫化氢、2 倍硫化氢含量对气井生产的影响。

由图 5-48 可以看出，0.5 倍硫化氢、1 倍硫化氢、2 倍硫化氢含量时，生产时间分别

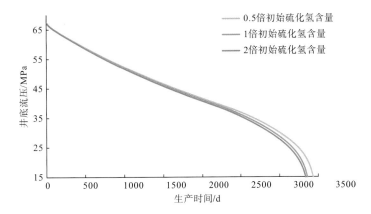

图 5-48　硫化氢含量与 A 井井底流压关系

为3450d、3384d、3348d，硫化氢含量越大，气井生产时间越短。由图5-49、图5-50及表5-17可以看出，硫化氢含量增加，井筒压降增大；硫化氢含量对井筒温度分布影响较小。这是由于硫化氢增加，对元素硫溶解能力增强，混合流体密度会增大，导致井筒压降增大。

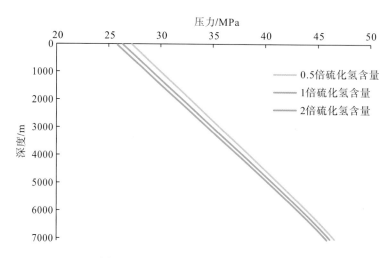

图5-49　A井生产1500d井筒压力分布

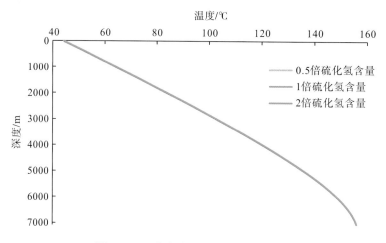

图5-50　A井生产1500d井筒温度分布

表5-17　生产1500d硫化氢含量对井筒压力温度影响

初始硫含量	井口压力/MPa	井底流压/MPa	压降/MPa	井口温度/℃	井底温度/℃	温降/℃
0.5倍初始硫含量	27.15	46.57	19.42	44.17	156.03	111.86
1倍初始硫含量	26.28	46.13	19.85	44.19	156.03	111.84
2倍初始硫含量	25.78	45.82	20.04	44.21	156.03	111.82

参 考 文 献

蔡利华. 2018. 基于温度压力耦合的井筒腐蚀寿命预测[D]. 荆州: 长江大学.

陈清华, 王绍兰. 1999. 油藏数值仿真系统若干功能的改进[J]. 石油大学学报(自然科学版), (3): 43-44+49

董越. 2015. 低渗透 M 气藏开发方案数值模拟研究[D]. 成都: 西南石油大学.

杜殿发, 谷建伟, 姜汉桥, 等. 2001. 油藏数值模拟一体化辅助系统研制[J]. 计算机应用, 21(5): 65-68.

付德奎, 郭肖, 杜志敏, 等. 2009. 高含硫气藏硫沉积机理研究[J]. 西南石油大学学报(自然科学版), 31(5): 109-111.

付德奎, 郭肖, 杜志敏, 等. 2010. 高含硫裂缝性气藏储层伤害数学模型[J]. 石油学报, 31(3): 463-466.

顾少华, 石志良, 史云清, 等. 2017. 考虑液硫析出的超深酸性气藏数值模拟技术[J]. 石油与天然气地质, 38(6): 1208-1216.

郭春秋, 李颖川. 2001. 气井压力温度预测综合数值模拟[J]. 石油学报, 22(3): 100-104.

郭肖, 陈琪, 王彭. 2019. 高含硫底水气藏气井见水时间预测模型[J]. 大庆石油地质与开发, 38(1): 78-83.

郭肖, 杜志敏, 杨学锋, 等. 2008. 酸性气藏气体偏差系数计算模型[J]. 天然气工业, (4): 95-98+152.

郭肖, 王彭. 2017. 含水对普光酸性气田流体物性的影响[J]. 天然气地球科学, 28(7): 1054-1058.

郭肖, 杜志敏. 2010. 酸性气井井筒压力温度分布预测模型研究进展[J]. 西南石油大学学报(自然科学版), 32(5): 91-95+189-190.

郭肖. 2011. 酸性气井井筒温度压力分布预测模型研究进展[J]. 西南石油大学学报(自然科学版), 32(5): 91-95.

郭珍珍. 2015. 含硫气井生产动态预测方法研究[D]. 北京: 中国地质大学（北京）.

贾莎. 2012. 高含硫器井井筒温度压力分布预测模型[D]. 成都: 西南石油大学.

贾英, 严谨, 孙雷, 等. 2015. 松南火山岩气藏流体相态特征研究[J]. 西南石油大学学报(自然科学版), 37(5): 91-98.

李鹭光. 2013. 高含硫气藏开发技术进展与发展方向[J]. 天然气工业, 20(1): 18-24.

李周, 罗卫华, 赵慧言, 等. 2015. 硫吸附和地层水存在下的单质硫沉积规律研究[J]. 天然气地球科学, 26(12): 2360-2364.

李周. 2016. 高含硫气藏地层硫沉积规律研究[D]. 成都: 西南石油大学.

里群, 谷明星, 陈卫东, 等. 1994. 富硫化氢酸性天然气相态行为的实验测定和模型预测. 高校化学工程学报, 12(6): 85-87.

刘锦. 2017. 高含硫气井井筒温度压力预测[D]. 成都: 西南石油大学.

刘想平, 郭呈柱, 蒋志祥, 等. 1999. 油层中渗流与水平井筒内流动的耦合模型[J]. 石油学报, 20(3): 82-86.

刘想平, 张兆顺, 刘翔鹗, 等. 2000. 水平井筒内与渗流耦合的流动压降计算模型[J]. 石油大学学报(自然科学版), 22(5): 36-39.

毛伟, 梁政. 1999. 计算气井井筒温度分布的新方法[J]. 西南石油学院学报, 20(1): 56-58.

彭松, 姜贻伟, 宿亚仙, 等. 2018. 普光气田高含 H_2S 天然气中硫含量及临界析出压力测定[J], 石油实验地质, 40(4): 573-582.

《气藏开发应用基础技术方法》编写组. 1997. 气藏开发应用基础技术方法[M]. 北京: 石油工业出版社.

曲立才. 2015. 大庆徐深气田气藏相态与渗流机理研究[J]. 长江大学学报(自科版), (23): 30-32.

苏玉亮, 张东, 李明忠. 2007. 油藏中渗流与水平井筒内流动的耦合数学模型[J]. 中国矿业大学学报, (6): 752-758.

王志明, 陈月明. 1995. 油藏动态数值仿真系统设计[J]. 油气地质与采收率, 3(3): 70-74.

吴晗, 吴晓东, 张庆生, 等. 2011. 普光气田高含硫天然气粘度计算模型优选与评价[J]. 石油天然气学报(江汉石油学院学报), 33(7): 157-160.

吴星晔. 2017. 储层-井筒-井口一体化动态分析方法研究[D]. 成都: 西南石油大学.

谢迅, 黄炳家. 2012. 底水油藏-水平井筒耦合模型研究[J]. 青岛大学学报(工程技术版), (2): 61-65.

杨学锋, 林永茂, 黄时祯, 等. 2005. 酸性气藏气体黏度预测方法对比研究[J]. 特种油气藏, 12(5): 42-46.

曾凡辉, 郭建春, 尹建. 2011. 井筒与油藏耦合的压裂水平井非稳态产能计算模型[J]. 现代地质, (6): 1159-1166.

曾祥林, 刘永辉, 李玉军, 等. 2003. 预测井筒压力及温度分布的机理模型[J]. 西安石油学院学报(自然科学版), 18(2): 40-44.

张广东. 2014. 高含硫气藏相态特征及渗流机理研究[D]. 成都: 成都理工大学.

张砚. 2016. 高含硫气藏水平井硫沉积模型及产能预测研究[D]. 成都: 西南石油大学.

张勇. 2006. 高含硫气藏硫微粒运移沉积数值模拟研究[D]. 成都: 西南石油大学.

钟兵, 方铎, 施太和. 2000. 井内温度影响因素的敏感性分析[J]. 天然气工业, 20(2): 57-60.

周生田, 郭希秀. 2009. 水平井变质量流与油藏渗流的耦合研究[J]. 石油钻探技术, 37(2): 85-88.

朱得利, 梅海燕, 张茂林, 等. 2008. 酸性气藏井筒温度压力计算[J]. 天然气勘探与开发, 31(3): 42-45.

Abou-Kassem J H. 2000. Experimental and numerical modeling of sulfur plugging in carbonate reservoirs[J]. Journal of Petroleum Science & Engineering, 26(1-4): 91-103.

Adesina F, Churchill A. 2010. Prediction of Elemental Sulphur Saturation around the Wellbore[J]. Global Journals of Engineering Research, 2010, 10(2): 31-37.

Aziz K, Ouyang L B. 2001. Productivity of horizontal and multilateral wells[J]. Petroleum Science & Technology, 19(7-8): 1009-1025.

Dias S G, Bannwart A C, Serra K V. 1991. Nonisothermal unsteady gas flow in a coupled reservoir-wellbore system[J]. Reproductive Biomedicine Online, 3(1): 54-72.

Diekstein F, LaraA. Q, Neri C, et al. 1997. Modeling and simulation of horizon wellbore-reservoir flow equations[C]. SPE39064.

Elsharkawy A M. 2000. Compressibility factor for sour gas reservoirs[C]. SPE64284.

Elsharkawy A M. 2002. Predicting the properties of sour gases and condensates: equations of state and empirical correlations[C]. SPE74369.

Fadairo A, Ako C, Falode O. 2012. Elemental Sulphur Induced Formation Damage Management in Gas Reservoir[C]//SPE International Conference on Oilfield Scale.

Gao G H, Jalali Y. 2008. Predictation of temereature propagation along a horizonal well during injection peroid[C]. SPE96260.

Hasan A R, Kabir C S. 1993. Heat transfer during two-phase flow in wellbores. Part I. Formation temperature[C]. SPE22866.

Hu J H, Luo W J, He S L, et al. 2011. Sulfur glomeration mechanism and critical velocity calculation in sour gas well bore[J]. Procedia Environmental Sciences, 11(part-PC): 1177-1182.

Hyne J B, Derdall G G. 1980. How to handle sulfur deposition by sour gsa[J]. World Oil, 10: 111-120.

Mahmoud M A, Gadallah M A E S. 2013. Modeling of the change of rock petrophysical properties due to sulfur deposition in sour gas reservoirs[C]//North Africa Technical Conference and Exhibition. Society of Petroleum Engineers.

Mahmoud M A. 2013. Effect of elemental-sulfur deposition on the rock petrophysical properties in sour-gas reservoirs[J]. SPE Journal.

Miehel P D, Martyn B B. 1994. Temperature model for flow in porous media and wellbore[C]. SPWLA Annual Logging, Symposium.

Miller C W, Benson S M, Osullivan M, et al. 1982. Wellbore effects in the analysis of two-phase geothermal well tests[J]. Society of Petroleum Engineers Journal, 22(3): 309-320.

Ouyang L B, Belanger D . 2006. Flow profiling by distributed temperature sensor (DTS) system - expectation and reality[J]. SPE production & operations, 21 (2): . 269-281.

Ouyang L B, Arbabi S, Aziz K. 1998. A single-phase well bore flow model for horizontal, vertieal, and slanted wells[J]. SPE Joumal, 3 (2): 124-133.

Pope D S, Leung L K W, Gulbis J, et al. 1996. Effects of viscous fingering on fracture conductivity[J]. SPE Production & Facilities, 11 (4): 230-237.

Ramey H J J. 1962. Wellbore heat transmission[J]. Journal of Petroleum Technology, 14 (4): 423-435.

Roberts B E. 1996. The effect of sulfur deposition on gas well inflow performance[C]. SPE36707.

Sagar R, Doty D R, Schmidt Z . 1991. Predicting temperature profiles in a flowing well[J]. SPE Production Engineering, 6 (4): 441-448.

Smith J J, Jensen D, Meyer B . 1970. Liquid hydrogen sulfide in contact with sulfur[J]. Journal of Chemical & Engineering Data, 15 (1): 144-146.

Smith R C, Steffensen R J . 1970. Computer study of factors affecting temperature profiles in water injection wells[J]. Journal of Petroleum Technology, 22 (11): 1447-1458.

Steffensen R J, Smith R C. 1973. The importance of joule-thomson heating (or cooling) in temperature log interpretation[C]. SPE4636, 1973.

Wang Z, Horne R N. 2011. Analyzing wellbore temperature distributions using nonisothermal multiphase flow simulation[C]. SPE144577.

Wichert E, Aziz K. 1972. Calculation Z's for sour gases[J]. Hydrocarbon Processing, 51 (5): 119-121.

Yoshioka K, Zhu D, Hill A D, et al. 2007. A comprehensive model of temperature behavior in a horizontal well[C]. SPE95656.